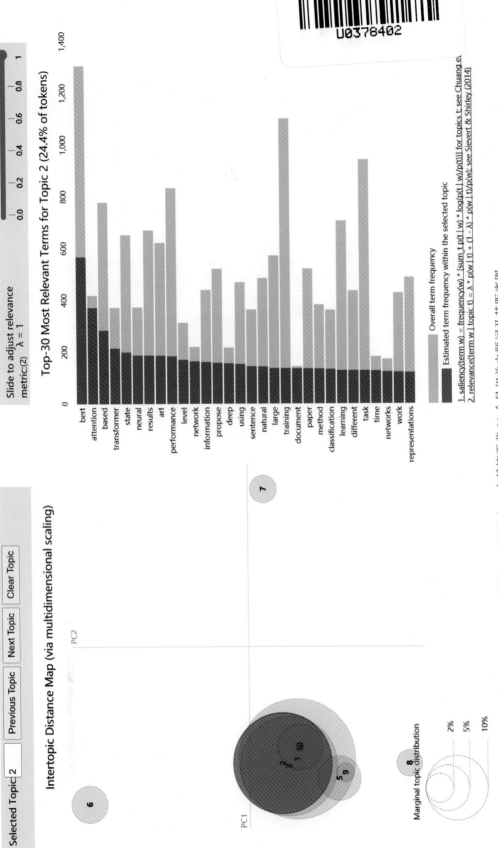

插图 4　BERTology 文献摘要前 30 个最相关主题词及其距离图

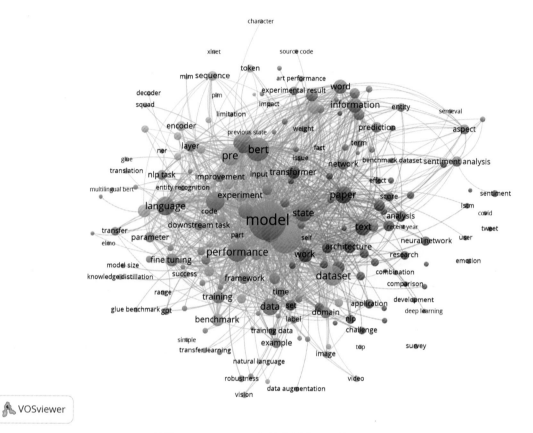

插图 5　BERTology 文献术语共现网络

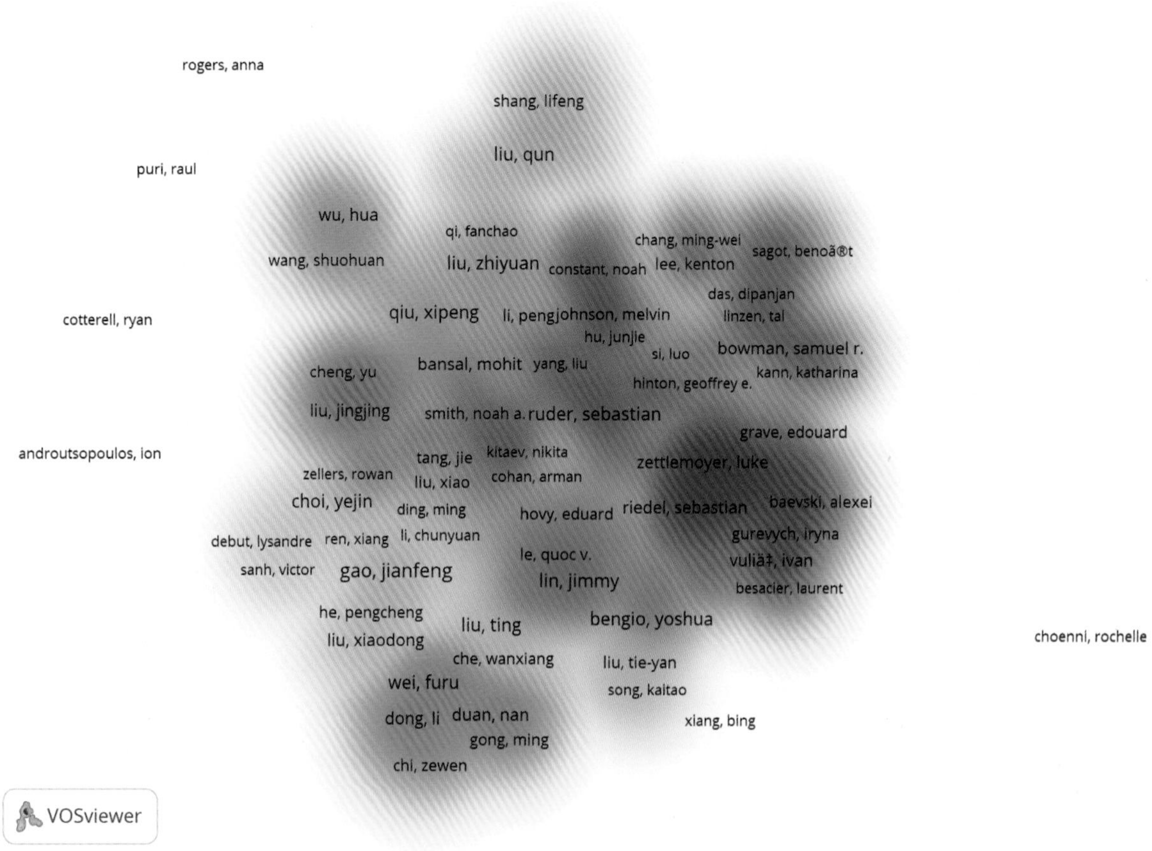

插图 6　BERTology 文献作者共现网络

大数据与人工智能技术丛书

深度学习预训练语言模型

案例篇 中文金融文本情绪分类研究

◎ 康明 著

清华大学出版社

北京

内 容 简 介

本书在全面概述预训练语言模型演进过程并对 BERTology 模型详尽综述的基础上，将深度学习预训练模型理论和金融行业实践相结合，介绍了深度学习预训练模型在人工智能产业、金融行业、金融科技领域的实战项目案例，专注于金融文本情绪分类典型应用场景，揭示出特定领域预训练模型潜在的一般规律。全书共分 7 章，分别为：预训练模型与金融文本情绪分类任务、预训练语言模型关键技术、面向中文金融文本情绪分类的预训练模型对比、FinWoBERT：中文金融领域增强预训练模型、GAN-FinWoBERT：对抗训练的中文金融预训练模型、FinWoBERT＋ConvLSTM：基于投资者情绪权重的科创 50 指数预测、总结与展望，每章内容随项目实践的深入层层递进、逐步展开。

本书适合自然语言处理、金融科技领域的研究人员和技术人员，高等学校或培训机构教师和学生以及有意了解相关领域的学习者和爱好者阅读。

图书在版编目（CIP）数据

深度学习预训练语言模型.案例篇：中文金融文本情绪分类研究/康明著.—北京：清华大学出版社，2022.6（2023.10重印）

　（大数据与人工智能技术丛书）

　ISBN 978-7-302-60746-5

Ⅰ．①深…　Ⅱ．①康…　Ⅲ．①机器学习－应用－自然语言处理　Ⅳ．①TP391

中国版本图书馆 CIP 数据核字（2022）第 075929 号

责任编辑：陈景辉　薛　阳
封面设计：刘　键
责任校对：徐俊伟
责任印制：沈　露

出版发行：清华大学出版社
　　　网　　　址：http://www.tup.com.cn，http://www.wqbook.com
　　　地　　　址：北京清华大学学研大厦 A 座　　　邮　　编：100084
　　　社 总 机：010-83470000　　　　　　　　邮　　购：010-62786544
　　　投稿与读者服务：010-62776969，c-service@tup.tsinghua.edu.cn
　　　质量反馈：010-62772015，zhiliang@tup.tsinghua.edu.cn
　　　课件下载：http://www.tup.com.cn，010-83470236
印 装 者：三河市天利华印刷装订有限公司
经　　　销：全国新华书店
开　　　本：185mm×260mm　　　印　张：10.25　　　插　页：3　　字　　数：225 千字
版　　　次：2022 年 8 月第 1 版　　　　　　　　　印　　次：2023 年10月第 2 次印刷
印　　　数：1501～2100
定　　　价：69.90 元

产品编号：094259-01

推荐序

　　深度学习预训练模型最开始是在计算机视觉领域的图像任务上尝试,并获得了良好的效果,过去三年中才被广泛应用到自然语言处理各项任务中。预训练语言模型的出现将自然语言处理带入了一个新的时代。预训练模型的应用通常分为两步:第一步,在计算资源满足的情况下用某个较大的数据集训练出一个较好的模型;第二步,根据不同的任务,改造预训练模型,用新任务的数据集在预训练模型上进行微调。预训练模型的训练代价较小,配合下游任务可以实现更快的收敛速度,并且能够有效地提高模型性能,尤其是对一些训练数据稀缺的任务。换句话说,预训练方法可以认为是让模型基于一个更好的初始状态进行学习,从而能够达到更好的性能。预训练语言模型是通过大量无标注的语言文本进行语言模型的训练,得到一套模型参数,利用这套参数对模型进行初始化,再根据具体任务在现有语言模型的基础上进行精调。预训练方法在自然语言处理的理解和生成任务中,都被证明拥有更好的效果,预训练在自然语言处理方面取得巨大进展。当前业界最佳的自然语言处理领域的预训练模型,采用自监督学习方法,将大量未标注文本送入模型中进行学习,得到可通用的预训练模型,并通过已标注数据集进行评估。

　　然而,尽管深度学习预训练语言模型得以快速发展,但以"深度学习预训练语言模型"为专题的系列丛书在市面上还没有见到,对以"预训练语言模型"为主题的人工智能和金融科技专业书籍,读者更是望眼欲穿。金融行业因其与数据的高度相关性,成为人工智能最先应用的行业之一,而自然语言处理作为人工智能技术的重要研究方向与组成部分,正在快速进入金融科技领域,并日益成为智能金融的基石。金融科技本身是一个专业性很强的领域,很多词汇在金融语境下会产生特殊含义,所有的金融情绪问题都会有一个独特的理解方式,而且金融情绪衡量处理结果的方式也与其他领域不同,比如针对舆情分析,金融情绪对金融市场未来的走势有一定的预见性。

　　本书的出版较好地填补了这一市场空白,给金融人工智能的从业技术人员补充上重要的预训练语言模型知识,帮助自然语言处理开发人员了解金融情绪预训练语言模型背后的意义,从而帮助他们更好地根据问题的情境选择合适的模型,并更加有效地调整模型参数。本书不仅深入探讨了金融情绪分类预训练语言模型性能提升方法,而且对金融文本情绪分类和预训练语言模型的演变发展进行了颇为详尽的综述。本书既有最新进展,又有理论深度,是一本不可多得的技术书籍。

　　我推荐读者将本书列入人工智能和金融科技前沿参考书。对于初学者、中级技术人员来说,面对如此众多的预训练语言模型,不了解其发展脉络就不知道从何下手了解,本书从18个视角审视预训练语言模型的演进,梳理了一千多个预训练语言模型,涉及诸如情绪分类、文本分类、词义分析、语义分析、文本摘要、信息检索、知识图谱、自然语言推断等任务和金融、生物医学、电子商务、中国古典诗词、科技文本、教育、法律、手绘草图、代码编程、数学题目等诸多领域，并通过思维导图和文献计量可视化直接将发展历程清晰呈现，让读者对预训练语言模型的前沿进展一目了然，为没有时间阅读大量论文的自然语言处理开发者和金融科技算法工程师指明了方向。对于高级技术人员，可以从本书中学习金融特定领域预训练模型的创建、微调、提升、评测的完整过程，通过读此书，读者只要按图索骥，就能够心中有谱，可以知道自己应当从哪个方向着手改进，实现在自然语言处理或金融科技领域的创新突破。总之，本书为业界人士提供了不少的人工智能技术革新思维和金融科技模型创新思路，值得深入阅读。

阚宏伟　首席科学家
高效能服务器和存储技术国家重点实验室

自　序

为了解决传统自然语言处理模型中存在的诸多高代价问题——例如,人工标注数据耗时耗力成本高、面对不同任务一次又一次从头训练模型工作量大、模型性能高低严重依赖于标注数据集规模、训练样本质量和测试样本分布,预训练语言模型通过迁移学习技巧,实现以较低代价处理跨领域和/或跨任务问题,并在少资源语言和/或小样本标注数据集上取得较好的效果。预训练语言模型占据自然语言处理任务排行榜的前列,已经成为当前最佳行业实践的新标准,预训练语言模型开启了深度学习自然语言处理自动化新时代。在 2019 年至今预训练语言模型爆发式增长的时间里,预训练语言模型在多个研究方向上取得了长足的发展,特定领域预训练语言模型是其中最具实用价值的一个方向,金融文本情绪分类是其中一个适用的典型应用场景。本书的研究目的是探索预训练语言模型在金融特定领域、中文特定语种、文本情绪分类特定任务下的可行性、可操作性及可应用性。在人工智能新基建、金融数智化转型发展窗口期的背景下,本书的选题在金融科技创新探索和金融新基建产业化落地两方面都具有积极意义。

针对金融特定领域预训练深度学习模型研究对象,本书先后开展三个探究性项目和一个验证性项目,项目实战过程充分运用了概率论与数理统计知识和思想——从抽样方法到样本描述、从实验设计到探索分析、从超参数到正则化、从多层模型到时间序列分析,完全体现了统计学显著性、检验、推断、证据的研究原则和学科特点,推动了预训练模型在特定领域研究方向的进展。

首先,采用中文金融文本情绪分类任务对预训练模型进行比较。项目目标是在基准模型 BERT 之外,通过比对发现可对照的中文已预训练语言模型。由于目前未找到公开的已标注中文金融文本情绪分类语料库,因此本书使用私有数据集来评测模型。利用爬取真实金融新闻网页主标题和人工标注方法自建(评测)标注语料库,按照利多(看涨)、利空(看跌)和其他(持平)三类金融情绪将标题分为三类,按文本行数取前75%行数的语料作为训练集,剩余 25% 行数的语料即为测试集。对标注语料库、训练集和测试集分别进行了类别分布、样本量、句长、词频、词云等探索性数据分析后,确定训练集和测试集的数据分布特征相似,均未出现类别倾斜,自建标注语料库满足项目要求,符合国家标准对数据质量评价指标的规定。选择当前主流的、代码开源的 28 个已预训练中文预训练模型(截至 2021 年 10 月)进行比较,在相同评测数据的中文金融文本情绪分类任务下,评测结果指出,基准模型 $BERT_{BASE}$ Chinese 的准确度为 0.839 59,而 $RoBERTa_{LARGE}$-wwm-ext 模型效果最佳,预测评估准确度达到 0.882 25,比基准模型准确度高出 0.042 66。$WoBERT^{+}$(WoBERT Plus)模型准确度为 0.872 01、排名第二，虽然它是基础模型，但其性能已经超过了 BERT$_{BASE}$ 的组合模型，接近大号模型 RoBERTa$_{LARGE}$-wwm-ext。

其次，提出中文金融领域增强预训练模型 FinWoBERT。直接将通用领域预训练模型应用于金融文本情绪分类还未能得到理想的结果，需要将词汇分布从通用领域语料库向金融领域语料库转移，因此需要自建（预训练）未标注词库和未标注语料库。以 WoBERT$^+$ 模型为基础进行后训练，设计了多个预训练方案。事实证明，未标注词库注入到 WoBERT$^+$ 模型的预训练词表中后训练，再使用未标注语料库在 WoBERT$^+$ 模型上微调，效果是最佳的，记为 FinWoBERT 模型。多次的比较结果显示，FinWoBERT 模型的准确度（0.887 37）比 BERT$_{BASE}$ Chinese 模型（0.839 59）绝对提升了 0.047 78。FinWoBERT 模型和 WoBERT$^+$ 模型进行比对，FinWoBERT 模型的准确度（0.887 37）比 WoBERT$^+$ 模型（0.872 01）绝对提升了 0.015 36，证明领域增强方法对预训练语言模型的提升是有效的。在大规模数据集的情况下，1.73％的相对提升百分比意味着比较显著的效果。

再次，构建对抗训练的中文金融预训练模型 GAN-FinWoBERT。使用已预训练的 FinWoBERT 模型进行对抗训练，再对训练好的 GAN-FinWoBERT 模型执行情绪分类任务进行评估。评测结果表明，GAN-FinWoBERT 模型的准确度（0.909 07）比 FinWoBERT 模型（0.887 37）提升了 0.0217，比 BERT$_{BASE}$ Chinese 模型（0.839 59）提升了 0.069 48，证明对抗训练方法有效地提升了预训练语言模型。

最后，运用 FinWoBERT＋ConvLSTM 模型基于投资者情绪权重的科创 50 指数预测。结果证明，采用改进的金融领域预训练模型预测投资者评论分类，相较于基于情绪词典的方法获得了更大的便利性和高效性，以 7 天为周期计算出情绪权重序列与多维度行情序列结合可以降低预测误差。预测结果除了证明情绪时间序列可以帮助预测股票指数走向，还证明面板数据能够提供更多维度的信息、更多层次的变化和更高的预测效率，可以克服时间序列分析的估计失真困扰。这个 FinWoBERT 模型的应用实例证实了预训练模型在金融实证方面的作用。

依据以上四个项目实战结果可以发现，与 BERT 基准模型相比，基于对抗训练的特定领域预训练模型预测准确率显著绝对提高接近 7％，可以辅助金融从业者利用非结构化文本数据对金融投资决策做出更准确的判断，在更大规模、更高质量的金融词库和语料库支持下，模型性能还可以得到更大提升。本书没有着眼于建立在广度上支持多种下游任务的特定领域预训练模型，而是侧重于展现预训练模型在特定任务上可以深入支持特定领域实例化应用场景。从中文预训练语言模型在金融领域改进和应用的经验中，揭示出特定领域预训练模型潜在的一般规律：建立特定领域预训练模型具有现实的必要性、可行性、可操作性和可应用性，后训练和微调是特定领域预训练模型性能提升的关键，预训练语言模型仍然面临数据规模和数据质量的挑战。可预见的是，预训练模型正值方兴未艾之时，特定领域预训练模型将会在各个行业大放异彩，更大规模高质量的领域词库和语料库、更多样的骨干网络架构、更丰富的多模态联合训练为特定领域预训练模型带来广阔的发展前景。

康　明

2022 年 5 月于上海

前　言

本书以深度学习预训练模型为基础,详尽介绍了中文金融文本情绪分类任务的人工智能工程项目实战案例。首先,本书介绍了金融领域中文自然语言处理的前沿技术,全面概述了预训练语言模型的演进过程,并对 BERTology 模型进行了详尽的文献综述。其次,本书阐述了从如何在如此众多的已预训练模型中选择适合目标域数据的模型,到真实地训练一个金融领域知识增强模型,再到通过对抗训练提升模型,最终在金融科技中的实际应用。虽然全书专注于金融文本情绪分类任务和数据,但本书揭示出了所有特定领域预训练模型潜在的一般规律,也就是说,仔细阅读完本书,读者可以建立任何一个特定领域的预训练模型,如医学、法律,等等。书中介绍了当前最实用的预训练模型程序代码,读者将知道如何利用它们来创建、微调、提升、评测一个特定领域预训练模型,从而设计出有效的策略。在有关基于预训练模型情绪分类的证券市场价格预测研究中,深入分析了预训练模型在金融领域的实际应用,让理论和实践紧密结合。

本书主要内容

本书的主要内容和章节安排大致如下。

第 1 章为预训练模型与金融文本情绪分类任务,阐述金融文本情绪分类任务的挑战、预训练模型发展现状及金融文本情绪分类任务意义,并对情绪分类、预训练语言模型和基于预训练模型的金融文本情绪分类任务的前人研究分别进行了综述。

第 2 章为预训练语言模型关键技术,用简洁的文字和理性的数学公式,在深度学习技术核心思想层面和统计学计算层面对预训练语言模型进行解读,并讲述了 BERT 预训练语言模型原理。

第 3 章为面向中文金融文本情绪分类的预训练模型对比,采用已预训练的权重和已标注的自建真实中文金融文本情绪分类语料库,对已发表的预训练语言模型的预测准确度进行横向对比,并分析结果找出模型中的内因。

第 4 章为 FinWoBERT:中文金融领域增强预训练模型的建立、训练和评测过程,通过未标注的金融词库和语料库的学习,改变 WoBERT 模型的领域偏差,对注入金融领域知识后的预训练模型进行评估,执行中文金融文本情绪分类任务,并与已发表的预训练语言模型进行比较。

第 5 章为 GAN-FinWoBERT:对抗训练的中文金融预训练模型,将未标注的语料库划分出一些对抗样本,在 FinWoBERT 预训练模型的训练过程中采用对抗训练的方法,对词嵌入添加扰动,提高模型应对对抗样本的鲁棒性;同时可以作为一种正则化,减少过拟合,提高泛化能力。

第 6 章为 FinWoBERT＋ConvLSTM：基于投资者情绪权重的科创 50 指数预测，结合股票市场来验证预训练模型对金融文本情绪分类的效果。

　　第 7 章为总结与展望，根据本书前几章的分析内容，得出研究结论，提出新的研究方向和研究建议。

　　其中，第 3～6 章存在逻辑递进关系，第 3～5 章都是探究性项目，第 6 章是验证性项目。本书的基本框架如图 0.1 所示。

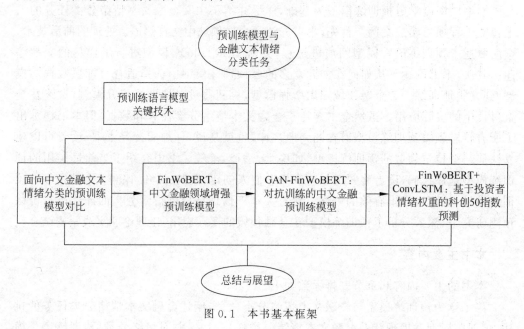

图 0.1　本书基本框架

本书技术路线

　　本书在前人对中文金融文本情绪分类相关方法手段的基础上，以预训练语言模型为基础，从中文自然语言处理视角，建立基于预训练模型的中文金融文本情绪分类的研究思路，采用深度预训练语言模型的一般步骤：载入数据、定义模型、编译模型、拟合模型、评估模型、预测验证、保存模型、调试模型，先对已发表的预训练语言模型进行对比，再提出改进的特定领域的预训练语言模型，并与前人已发表的模型进行比较，分别得出研究结论。最后，回顾全文，在总结分析的基础上，对未能突破的瓶颈给出研究建议。

　　本书综合运用面向自然语言处理的预训练和深度学习模型方法，跨越统计学、数学、信息科学与系统科学、计算机科学技术等多个学科的理论和实证方法。在研究过程中利用深度神经网络建模、模型推导、参数校准、数值模拟、数学计算、量化研究、数据分析等研究方法和手段。在统计自然语言模型、中文语言表征模型、深度学习模型的理论基础上，结合迁移学习、对抗学习、集成学习、Python 人工智能编程、开源深度迁移学习框架云平台等前沿技术，研究中文金融文本情绪分类问题，既有对已发表的预训练语言模型的对比探讨，也有针对金融特定领域、特定任务的预训练语言模型的深入研究，为大数据自动化数字金融情景中的金融情绪分类深度学习方法、金融科技和监管科技运行下的人工智能运用提供了实践价值。

本书在以下几个方面有所创新。

(1) 真实公允的预训练语言模型比较。

虽然已经发表的预训练语言模型众多,而且很多模型都声称在国际基准(中文)公开语料库上取得了很不错的效果,但通常是在运用调参技巧(trick)、周密的数据清洗过程和精心挑选语料库测试样本下得到的,可能产生虚假统计(spurious statistics),同时鲜有文章在业界真实中文语料库上进行比较,而金融机器学习研究的重点是关注金融应用中机器学习方法的特定技术,关注真实世界的模型效果,而不是纯粹的理论方法,理论方法在纸面上看起来很漂亮,但在实践中的真实效果才是有意义的。

(2) 特定领域垂类预训练模型微创新。

本书借鉴以往研究方法的思路,使用了特定领域知识增强的预训练模型来研究中文金融文本情绪分类这一特定任务,对垂直领域预训练模型进行微创新,在自建标注语料库上取得了比已发表模型更佳的准确度、精确度、召回度、宏平均和微平均 F1 分数。

(3) 改进的金融领域预训练模型情绪分类在股票指数预测的应用创新。

传统金融情绪指数构建主要依赖于基于词典、简单的机器学习,也有少数文献使用预训练 BERT 模型,然而在现有文献中尚未发现使用金融特定领域预训练模型的。本书利用改进的已预训练中文金融文本情绪分类模型对投资者评论标题进行有效的分类,并赋予其一定的权值计算出一系列情绪权重数据,结合历史行情数据,实现了较低误差的时间序列预测,完成了金融领域预训练模型在金融市场中的验证。

读者对象

本书专注于采用预训练模型解决中文金融文本情绪分类问题,目标明确、特点鲜明、循序渐进、由浅入深,以预训练模型为主要研究内容、中文金融文本为应用领域、情绪分类为任务,探讨的关注点和创新的着眼点是方法和过程。本书适用人群包括:

□ 自然语言处理领域的研究人员和技术人员;

□ 金融科技领域的研究人员和技术人员;

□ 高等院校计算机科学与技术、软件工程、信息工程、数据科学、人工智能、统计学、应用数学、自动化、控制论、运筹学、金融学相关专业的教师和学生;

□ 有意了解预训练语言模型、金融文本情绪分类、BERTology 的学习者和爱好者。

阅读门槛

阅读本书,应具备如下基础知识。

□ 深度学习相关基础理论知识;

□ 深度学习框架 PyTorch、TensorFlow、PaddlePaddle 的 Python 编程。

阅读帮助

如果读者从未了解或不熟悉文本情绪分类、金融文本情绪分类、基于非预训练模型情绪分类的证券市场分析，请务必阅读 1.3 节。

如果读者从未了解或不熟悉预训练语言模型和 BERTology，请务必阅读 1.4 节。

如果读者已经了解文本情绪分类和预训练语言模型，第 1 章可以略读或跳读。

配套资源

为便于教与学，本书配有微课视频（120 分钟）、源代码、教学课件。

（1）获取微课视频方式：读者可以先刮开并扫描本书封底的文泉云盘防盗码，再扫描书中相应的视频二维码，观看视频。

（2）获取彩色插图（PNG 格式文件）和源代码（PY 格式文件）的方式：读者可以先刮开、扫描本书封底的文泉云盘防盗码，再扫描下方二维码，即可获取。

彩色插图（PNG 格式文件）

源代码（PY 格式文件）

（3）其他配套资源可以扫描本书封底的"书圈"二维码，关注后回复本书书号即可下载。

本书作者在编写过程中，参考了诸多相关资料，在此对相关资料的作者表示衷心的感谢。限于个人水平和时间仓促，书中难免存在疏漏之处，欢迎广大读者批评指正。

作 者

2022 年 5 月

目　录

第 **1** 章

视频讲解

预训练模型与金融文本情绪分类任务

1.1　金融文本情绪分类任务的挑战

情感分析(emotion analysis)或情绪分析(sentiment analysis),又称情感倾向分析、观点倾向性分析(opinion analysis)、意见抽取(opinion extraction)、意见挖掘(opinion mining)、情感挖掘(sentiment mining)、主观分析(subjectivity analysis),它是对带有情感色彩的主观性文本所包含的情感语义(emotional semanteme)进行分析、处理、归纳和推理的过程。例如,从评论文本中分析挖掘各大财经网站、股票论坛、研究报告中用户对某上市公司股票价格走势的"上涨、下跌、持平"或股票买入操作的"买入、增持、推荐、中性、卖出"等属性的情感倾向,这些金融文本的倾向性可能对相关个股或者公司股票价格走势产生重要影响。情感和情绪属于心理学范畴,情感语义属于语言学中的语义学范畴。

情感分析可以分为情绪分类(sentiment classification)、观点抽取(opinion extraction)、观点问答(opinion based question and answer)和观点摘要(opinion summarization)等多个不同的子任务。情绪分类是情感分析的基础任务之一,其目标是判断评论中的情绪极性(sentiment polarity)或情绪取向(sentiment orientation),按情绪极性或情绪取向的划分类别数量不同,大致可分为以下两种分类问题。

(1) 正向(正能量)/负向(负能量)(positive/negative)两种情绪的分类器(二分类)。

(2) 多种情绪的分类器(多分类):正面/负面/中立(或积极/消极/中性)(positive/negative/neutral)三种情绪的分类器(三分类),"乐观""愤怒""悲伤""恐惧"(或喜/怒/

哀/惧）四种情绪分类，1星~5星五种等级评分情绪分类，等等。本书研究的是情绪三分类问题。

从情感计算（affective computing）的角度看，情绪分类是情感理解的过程，按情绪表现形式的不同，情绪分类可以分为文本情绪分类、音频情绪分类、视觉情绪分类等。自然语言处理（Natural Language Processing，NLP）分为两个流程：自然语言理解（Natural Language Understanding，NLU）和自然语言生成（Natural Language Generation，NLG），文本情绪分类是自然语言理解流程的子任务。按语言结构单位的不同，自然语言处理可以分为6个级别的任务，分别是音位级（phoneme level）、语素级（morpheme level）、字（符）级（character level）、词级（word level）、句子级（sentence level）、段落级（paragraph level）、篇章级（passage level）。根据编码对象的不同，自然语言处理任务可以分为n元级（n-gram level）、一元级（unigram level）、二元级（bigram level）、三元级（trigram level）、字（符）级（character level）、子词级（subword level）、字符串级（string level）、分词（标记）级（token level）、词语级（term level）、短语（或词组）级（phrase level）、词簇级（word cluster level）、跨度级（span level）、分段级（segment level）、序列级（sequence level）和文档级（document level）等。分词级任务有完形填空、命名实体识别、词性标注、阅读理解问答，而序列级任务包含句子级预测（两者是不同视角分类），如句子分类、语义分析、语义推理。本书的文本情绪分类任务是推断评论中的句子语义属于哪个分类，是单句分类任务（single sentence classification task），属于序列级任务。以词的数量来度量文本长度的不同，文本可以分为短文本和长文本，短文本一般小于或等于70个词（标准不统一，有的人认为是少于30个全角字符，有的人认为是少于140个半角字符）；本书研究对象是短文本。按文本在不同颗粒度上具有不同的情绪极性，文本情绪分类可以分为粗粒度（coarse-grained）和细粒度（fine-grained）情绪分类，还可以分为陈述级（claim level）和方面级或要素级（aspect level or aspect based），其中，陈述级是粗粒度情绪分类，方面级是细粒度情绪分类；本书研究的是陈述级的情绪分类问题。按情绪特征工程处理使用数据类型的不同，文本情绪分类可以分为离散型和连续型。离散型使用的是定类（nominal）或定序（ordinal）数据，连续型使用的是数值数据，例如，维度级（dimension level）情绪分类是连续型、细粒度情绪分类；本书研究的是离散型的情绪分类问题。按文本所属领域（domain，简称"域"）的不同，文本情绪分类已分为普遍、产品（或商品、电商）、酒店、餐饮、电影、出行、亲子、体育、金融（财经）、法律、文学、政治（时事）等领域文本情绪分类，不同垂直领域的情绪词各不相同，例如，"无聊"一词在电影评论领域用来表达负面情绪，但是在金融领域几乎不用该词，因此需要针对不同领域的文本数据分别训练模型。文本情绪分类还可以视为文本分类（text categorization）的一种，而文本分类属于文本机器学习（machine learning for text）和文本挖掘（text mining）技术。文本情绪分类文献综述详见1.3.1节。

金融文本按体裁不同可以分为金融新闻、金融公告、金融舆情评论、金融产品服务评论（例如，微博、论坛、贴吧、专栏）、财务报告、研究报告等。金融文本在自然语言理解特定任务场景时，常常面临特定领域的数据集较小，例如，已标注样本量少、数据的人工标注成本很高等问题。由于自然语言理解任务大部分属于认知层面的任务,因而数据标注的难度和不确定性显著高于感知层面的任务,对于金融领域的问题,往往需要专家(如资深金融分析师)的参与才能实现相对准确的数据标注,满足业务需求;这不仅增大了标注的成本,也会显著延长标注的时间;而在实践中,金融领域专家很难有大量的时间来协助机器学习工程师标注数据,因此金融标注语料库是一个昂贵资源。其实,在金融、医疗、法律等很多领域,高质量的标注数据都十分稀缺、昂贵。

　　传统机器学习(包含浅层神经网络、浅层学习)技术很难解决上面这个问题,而基于深度学习(包含深度神经网络)的预训练技术可以较好地解决这个问题。传统机器学习与深度学习的主要区别在于特征提取器,前者特征提取主要依靠专家经验或特征转换来发现和创建,通常需要人为干预,而后者基于表征学习(representation learning)方法自动完成特征提取。深度学习模型建立过程可以划分为训练和预测两个阶段,训练可以分为两种策略:从头训练(training from scratch)和预训练(pre-training)。从头训练是使用已标注数据集和监督学习方法对目标域(target domain)数据集(可以被划分为训练集、验证集和测试集)执行某一个任务来训练一个模型。预训练分为两个阶段,先对大规模无标注的源域(source domain)数据集训练获得与具体任务无关的预训练模型(Pre-Training Model,PTM),从而得到一组通用表征(universal representation)(在自然语言理解中是上下文的语义表征),然后将预先训练好的模型参数对模型权重值进行初始化,迁移到目标域数据集的特定下游任务(downstream task)上训练模型。已预训练模型应用于下游任务有三种策略:特征表征迁移(feature representation transfer)、参数微调(fine-tuning,也译为精调、细调)的方法和后训练(post-training)。特征表征迁移方法是将预先训练好的特征参数(pre-trained feature)(权重、偏置、阈值等参数初始值、层间权重参数、各层激励函数的斜率、最后一层输出类别等模型内部配置变量和常量)与下游任务特定模型架构集成。基于模型微调的方法是仅对已预训练的神经网络模型的每层超参数(学习率、步长、每层的神经元个数、迭代次数等)等外部设置变量进行稍微的调整,通过细微的调整达到加快学习速率、减少步长和迭代次数的目的,一般两种策略结合使用。后训练是利用一些校准数据集适当地对已预训练模型继续(预)训练(further training or further pre-training)或再(重新)训练(retraining),更新权重原始数值。因此,预训练模型的本质就是利用深度自动编码神经网络或自编码器(autoencoder)来学习得到初始权值的初始化权值模型,实现以较低代价处理跨领域和/或跨任务问题。为实现跨领域或跨任务将基于数据学习得到的模型从一个领域或任务更新到另一个领域或任务的方法被称为迁移学习(transfer learning)。迁移学习与多任务学习(multi-task learning)、领域适应(domain adaptation)、元学习(meta-learning)、终身学习(lifelong learning)、领域泛化(domain generalization)是有所区别的。基于深度迁移学习和文本迁移学习的预训练语言表征模型技术的突破使自然语言处理进入可以大规模、自动化、可复制的大工业实施发展阶段,将自然语言处理带入一个崭新的时代。

　　面向自然语言处理的预训练深度学习模型可以自动学习深层次的语义及句法特

征,具备较高的泛化能力,在相对长的句子上仍然能保持较高评估效果。使用预训练模型的好处是合并简单、目标域不需要大量与任务对应的标签数据、快速实现稳定(相同或更好)的模型性能、迁移学习、预测和特征的通用用例。换句话说,预训练方法可以认为是让模型基于一个更好的初始状态进行学习,从而能够达到更好的性能。当执行目标域数据集比较稀缺的任务时,建议使用预训练模型,这样训练代价较小,配合下游任务可以实现更快的收敛速度,能够有效地提高模型性能,而且可以得到较好的精度。在数据量足够的情况下,预训练模型相比随机初始化可以更快收敛,但不能带来精度的提高。预训练模型可以有效地从大量标注和未标注的数据中捕获知识,通过将知识存储到大规模参数中并对特定任务进行微调,大规模参数中隐式编码的丰富知识可以使各种下游任务受益,这已通过实验验证和实证分析得到广泛证明。预训练语言模型占据自然语言处理任务排行榜前列,已经成为当前业界最佳(State-Of-The-Art,SOTA)的新标准。

预训练语言模型已被证明在英文文本情绪分类方面获得较好效果,然而与英文相比,中文没有空格等明确的词语边界,由于中文语句是字字相连,与以空格符自然分隔的英文文本有着显著的区别;同时,酒店和 DVD 商品(含影视)中文评论的情绪分类中预训练语言模型已验证得到较高的准确度,但是面向金融领域与面向其他领域有不同的实践意义;尚未发现被业界公认的金融文本情绪分类基线(baseline)模型,因此中文金融文本的情感分析有独立研究的意义。本书基于预训练语言模型和深度学习相关技术对中文金融文本语料库执行情绪分类任务,在对比主流中文预训练模型基础上,提出改进模型,并将改进模型应用于金融市场实证验证了模型效果。

1.2　发展现状与任务意义

1.2.1　预训练模型发展现状

随着预训练语言模型规模从亿、十亿、百亿到千亿再到万亿级参数量,全球范围内人工智能(超)大模型迎来大爆发。2018 年 2 月 15 日,公布论文预印本的预训练语言模型 ELMo 的参数有 9400 万,6 月 11 日,美国人工智能非营利组织 OpenAI 发布的 GPT 模型参数规模突破 1 亿、达到 1.17 亿,10 月 11 日,谷歌(Google)发布的基础 BERT($BERT_{BASE}$)模型有 1.1 亿参数规模、大号 BERT($BERT_{LARGE}$)模型的参数规模达到 3.4 亿(2020 年 6 月 3 日,英伟达解决方案架构师王闪闪在智东西公开课上介绍了,使用 Megatron-LM 的方法并行训练的 Megatron-BERT 将基础模型和大号模型的参数分别上升到了 13 亿和 39 亿;2021 年 12 月,MLPerf v1.1 Open 区训练榜单上出现的、未公开源代码的巨型 BERT 模型参数规模有 4810 亿)。2019 年 2 月 13 日公布的 GPT-2 模型完整版本拥有 15.42 亿参数,8 月 14 日,英伟达宣布训练出了具有 83 亿参数的威震天语言模型(Megatron-LM),10 月 23 日,谷歌提出的 T5 模型参数量达到 110 亿。2020 年 2 月 11 日,微软发布语言模型图灵自然语言生成(Turing-NLG,T-NLG)模型有 170 亿参数量;5 月 28 日公布的 GPT-3 模型完整版本参数量达到

1750 亿,首次突破千亿大关,采用 570GB 训练数据集,可以答题、翻译、写文章等,吸引了全球人工智能行业的目光;同年 6 月 11 日,OpenAI API(Application Programming Interface,应用程序编程接口)对部分国家开发者提供 GPT-3 模型集成访问支持。2021 年 1 月 5 日,基于 GPT-3 开发的、120 亿参数的文本图像多模态预训练模型 DALL·E 发布。2021 年 3 月 20 日,北京智源人工智能研究院正式发布"悟道 1.0",包括 26 亿参数面向中文预训练语言模型"悟道·文源"(2020 年 11 月 14 日已发布)、10 亿参数中文通用图文多模态预训练模型"悟道·文澜"(2021 年 1 月 11 日已启动)、113 亿参数具有认知能力的超大规模预训练模型"悟道·文汇"(2021 年 1 月 11 日已发布)、30 亿参数超大规模蛋白质序列预测预训练模型"悟道·文溯"(2021 年 1 月 11 日已启动)(北京智源人工智能研究院,2021a,2021b);6 月 1 日,双语跨模态万亿超大规模智能预训练模型"悟道 2.0"发布,其参数规模达 1.75 万亿,是 AI 模型 GPT-3 的 10 倍,打破同年 1 月 11 日由谷歌 Switch Transformers(Switch-C)预训练模型创造的 1.6 万亿参数记录,是目前中国首个、全球最大的万亿级模型,北京智源悟道科技有限公司提供悟道(大模型)开放平台的服务。3 月 1 日,阿里巴巴联合清华大学发布中文多模态预训练模型 M6,有 M6-base(包含 3.27 亿个参数)、M6-10B(包含 100 亿个参数)、M6-100B(包含 1000 亿个参数)三个版本,6 月 25 日阿里巴巴达摩院发布万亿参数"低碳版"巨模型 M6(M6-T),仅用 480 个图形处理器(Graphics Processing Unit,GPU),大幅降低超大模型训练能耗,更加符合业界对低碳、高效训练大模型的迫切需求。4 月 19 日,阿里巴巴达摩院语言技术实验室发布中文预训练语言理解和生成模型(Pre-training for Language Understanding and Generation,PLUG)参数规模达 270 亿。4 月 25 日,在华为开发者大会期间华为发布华为云盘古系列大模型(超大规模预训练模型),包括 30 亿参数的全球最大视觉预训练模型,以及与循环智能、鹏城实验室联合开发的千亿参数、40TB 训练数据的千亿规模生成与理解中文语言预训练模型,其中最高参数量达 2000 亿;后续,华为云还将陆续发布多模态、科学计算等超大预训练模型。7 月 9 日,中国科学院自动化研究所在 2021 世界人工智能大会上发布了"紫东太初"跨模态通用人工智能平台和 OPT-Omni-Perception 千亿参数"图文音"三模态人工智能大模型。7 月 21 日,蛋白质预测预训练模型集 ProtTrans 正式发表,其中 ProtT5-XXL 模型的参数量达到 110 亿。8 月 11 日,以色列 AI21 实验室发布了侏罗纪-1(Jurassic-1)英文大模型在一系列任务中的表现与 GPT-3 相当或更好,该模型有两个规模版本分别对应 GPT-3 的两个版本,其中 J1-Jumbo 拥有 1780 亿个参数。9 月 5 日,OpenAI 的首席执行官山姆·阿特曼(Sam Altman)在 AC10 线上聚会的问答环节中表示"GPT-4 不会比 GPT-3 大,但会使用更多的计算资源";也就是说,100 万亿(100trillion,1trillion$=1^{12}=10^{11}$)参数模型不会是 GPT-4,也许 GPT-5 或 GPT-6 会像人类大脑一样强大。9 月 28 日,浪潮人工智能研究院正式发布中文预训练巨量语言模型"源",源 1.0 参数规模为 2457 亿,是 GPT-3 模型的 1.4 倍(浪潮服务器,2021);源 1.0 开源开放计划项目包含开放模型 API,开放高质量中文数据集,开源模型训练代码、推理代码和应用代码等,将首先面向三类群体开源开放,一是高校或科研机构的人工智能研究团队，二是元脑生态合作伙伴，三是智能计算中心。10 月 11 日，英伟达与微软联合发布了 5300 亿参数的"威震天－图灵"自然语言生成模型（Megatron-Turing Natural Language Generation model，MT-NLG），自称为世界最大规模和最强大的预训练生成语言模型。11 月 3 日，作为 GPT-3 独家授权云提供商，微软将安全性、合规性、数据隐私和区域可用性改进升级后的 GPT-3 内置在其 Azure 云平台套件中开放给商业客户，这些改进可以防止 GPT-3 被用于有害目的或产生不良结果，比如粗俗语言、性别歧视、种族成见、个人识别信息等（Microsoft，2021）；11 月 18 日，OpenAI API 安全改进版本发布。为了让不满足 OpenAI API 申请条件或非商业目的使用的开发者也能够进行研究和实验，德国人工智能公司 EleutherAI 开发了 GPT-3 克隆版（或替代版），2021 年 3 月 31 日开源了在 825GB 数据集 Pile 上训练的 GPT-Neo（13 亿和 27 亿参数两个版本），同年 6 月 8 日开源了 60 亿参数的 GPT-J。12 月 3 日，微软亚历山大虚拟团队（Microsoft Alexander v-team）的 Turing NLR v5 模型问鼎英文通用语言理解评测（General Language Understanding Evaluation，GLUE）和 SuperGLUE 两大基准排行榜（benchmark leaderboard）。12 月 8 日，DeepMind 推出具有 2800 亿参数的囊地鼠（Gopher）模型，在 152 个不同的任务评估中大多数获得业界最佳，尤其是在阅读理解、事实核查和有害语言识别等方面；同一天，鹏城实验室与百度在深圳发布基于百度知识增强大模型 ERNIE 3.0 全新升级的、全球首个知识增强千亿参数的鹏城-百度·文心大模型（模型版本号：ERNIE 3.0 Titan），模型参数规模达到 2600 亿，相对 GPT-3 的参数量提升 50%。12 月 31 日，大规模中文跨模态生成模型、参数规模达到 100 亿的文心 ERNIE-ViLG 的预印本论文发布，百度文心官网体验入口同步开放，该模型首次通过自回归算法将图像生成和文本生成统一建模，增强模型的跨模态语义对齐能力，显著提升图文生成效果；文心大模型家族已逐步发展成为一个丰富的工具与平台，既包含自然语言理解大模型、计算机视觉大模型、跨模态大模型，既有基础大模型，也有任务大模型、行业大模型。2022 年 2 月 2 日，EleutherAI 推出基于 DeepSpeed 库的 GPT-NeoX-20B。2 月 4 日，具有 2690 亿参数的 ST-MoE-32B 模型名列 SuperGLUE 排行榜首位。2 月 16 日，Meta AI（原 Facebook AI）发布了 100 亿参数的 SEER 10B 预训练视觉模型，比原先只有 10 亿参数量的自监督（SElf-supERvised，SEER）模型规模扩大了 10 倍。4 月 5 日，谷歌发布了可以同时处理多项自然语言处理任务、并且拥有快速学习新任务、更好地理解世界能力的 5400 亿参数分支语言模型（Pathways Language Model，PaLM）。5 月 2 日，Meta AI 公布了具有 1750 亿参数的开放预训练转换器（Open Pre-trained Transformers，OPT）模型，OPT-175B 是作为 GPT-3 的替代品提出的，但其碳足迹仅为 GPT-3 的 1/7，且仅允许在非商业用途下使用。本书对下一代人工智能（超）大模型规模的发展趋势预测是，先达到 10 万亿参数，再迈向 100 万亿参数，不过受到硬件性能限制，这个过程可能还需要若干年时间。图 1.1 展示了人工智能（超）大模型参数规模的发展趋势。

对于人工智能（超）大模型，不同场景下的性能最优模型是否存在最佳规模尺寸？微软认知服务研究团队提出的预训练语言模型"不可能三角"理论认为预训练语言模型

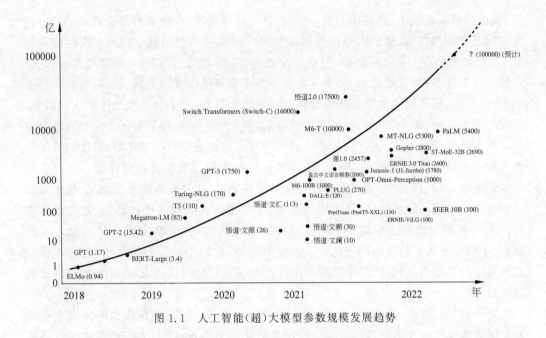

图 1.1　人工智能(超)大模型参数规模发展趋势

对于模型规模、微调能力、小样本能力三者不可兼得,只能选择其中两点、并同时努力向第三点靠近。人工智能(超)大模型唤醒了深度学习的隐藏力量,当神经网络的研究方向逐渐转为超大规模预训练模型,神经网络的参数数量远远超过了训练样本的数量,研究人员的目标似乎变成了让网络拥有更大的参数量,更多的训练数据,更多样化的训练任务;当然,扩大模型规模的措施确实很有效,在某些特定任务上人工智能模型已经超越人类;神经网络的大小决定了它能记忆多少东西,随着神经网络越来越大,模型了解和掌握的数据也更多,训练过程使得神经网络记住了这些数据,过参数化(overparameterization)对于神经网络的鲁棒性(robustness)(即网络处理小变化的能力)是有必要的,鲁棒性是泛化的基础,换句话说,想要神经网络稳健地记住它的训练数据且能够以不同程度的准确度预测它从未见过的物体的标签(即泛化能力),增大模型参数量不仅是有帮助的,而且是必须的。对于预训练语言模型而言,模型参数大小和训练分词标记数量成正相关,即训练分词标记数量加倍时,模型参数大小也会翻倍。在扩大规模的同时,要实现最高的计算投入产出比,对应于预训练语言模型规模大小(即模型参数数量),还需相应成比例地增加预训练数据量,否则是对计算成本的巨大浪费;DeepMind 研究表明,对于 2800 亿参数的 Gopher 模型所花费的计算成本来说,预训练数据量应当是其 4 倍才可真正实现计算预算的最大价值,实验使用的 Chinchilla 模型——其预训练数据量是 Gopher 模型的 4 倍,但参数数量仅是 Gopher 模型的四分之一(即 700 亿个参数)——在阅读理解、常识、闭卷问答、性别平等与不良语言、性别偏见等下游任务上的性能优于 Gopher 模型;此项研究还指出,在对预训练数据集进行扩展时,需要重点关注数据集的质量,尤其是其中的伦理和隐私等问题。一般来说,深度神经网络模型越大,模型性能越高,随着模型大小、数据集大小和训练计算量的增加,损失、最佳学习率会缩小，呈幂律关系。然而，针对具体情况，模型规模的选择仍需进行性能和效率之间的权衡，靠扩大规模获得性能提升的边际效益可能会很低；模型的参数越多，所能完成的任务就越复杂，但在特定任务上，模型的有效性未必与其大小相关；即便是典型任务和/或数据集，模型体量扩展并不总是能带来性能提升；对于有些任务和/或数据集，稍作调优就可以使模型性能获得较大提升，而无须选择规模更大的模型。要改善模型性能，扩大模型的规模不是唯一的方法，也不一定是最好的方法；随着深度学习模型体量越来越大，进行任何形式的超参数调整都会变得非常昂贵，每次训练运行都可能要花费数百万美元，如何用更小规模的模型获得与大模型相当性能也是深度学习预训练语言模型的重要研究方向。百度研究院 2022 年科技趋势预测指出，超大规模预训练模型呈现知识增强、跨模态统一建模、多学习方式共同演进的趋势，并逐渐实用化。2022 年阿里巴巴达摩院十大科技趋势的观点认为，大模型参数竞赛正进入冷静期，大小模型将在云边端协同进化——大模型向边、端的小模型输出模型能力，小模型负责实际的推理与执行，同时小模型再向大模型反馈算法与执行成效，让大模型的能力持续强化。

百度、阿里、腾讯、京东、华为、科大讯飞、浪潮、网易、美团、四维图新等中国企业开发的预训练模型多次刷新自然语言处理榜单记录。2018 年 11 月 16 日，哈工大讯飞联合实验室的 AoA＋DA＋BERT(ensemble)模型登顶斯坦福问题回答数据集(Stanford Question Answering Dataset，SQuAD)2.0 排行榜。2019 年 12 月 10 日，百度文心(ERNIE，曾用译名艾尼)登顶 GLUE 排行榜，以 9 个任务平均得分首次突破 90 分大关刷新该榜单历史，2021 年 12 月 31 日，京东探索研究院联合悉尼大学、武汉大学以及北京航空航天大学组成梦之队(JDExplore dream team，JDExplore d-team)提出织女预训练模型(Vega v1)以总平均分 91.3 分荣登 GLUE 榜首。2021 年 7 月 3 日，120 亿参数的 ERNIE 3.0 英文模型登顶 SuperGLUE 榜单，12 月 3 日被其他模型取代(GLUE、SuperGLUE 等通用评估基准存在若干局限性，包括任务设计过于武断、数据集/任务集组合太随意，数据范围受限等)。2020 年 7 月 9 日，百度 ERNIE——依托飞桨打造，集先进的预训练模型、全面的自然语言处理算法集、端到端开发套件和平台化服务于一体的领先的语义理解技术与平台——获得 2020 年世界人工智能大会(World Artificial Intelligent Conference，WAIC)最高奖项卓越人工智能引领者奖(Super Artificial Intelligent Leader，SAIL)，并于 10 月重磅发布三项功能，新增定制多标签文本分类、情绪倾向分析、文本实体抽取模型等功能，同时数据管理能力也进一步增强，更好地满足自然语言处理领域开发者需求；随后，2021 年 3 月 23 日，百度凭借人工智能发展潜力，继 2005 年在纳斯达克上市后，在香港第二次上市；11 月 3 日，百度"知识增强的跨模态语义理解关键技术及应用"获国家技术发明二等奖。2021 年 2 月 26 日，阿里巴巴达摩院机器智能实验室编码器－解码器模型集(Alibaba's Collection of Encoder-decoders from MinD(Machine Intelligence of Damo)Lab，AliceMind)中的 Renaissance (AliceMind-MMU)模型在国际权威机器视觉问答榜单 VQA Challenge 2021"读图会意"任务中准确率达到了 81.26％，超越人类的 80.83％，这意味着人工智能继 2015 年、

2018年分别在图像识别和文本理解超越人类之后,在多模态技术方面也取得了突破。5月27日,搜狗搜索技术团队(同年10月15日正式并入腾讯)的BERTSG模型以83.378的分数刷新了中文语言理解测评基准(Chinese Language Understanding Evaluation benchmark,CLUE)1.0总排行榜的榜单记录。9月19日,腾讯QQ浏览器实验室(QQ browser lab)在之前十亿级别参数量模型摩天(Motian)基础上构建的百亿参数量级预训练模型神舟(ShenZhou)在CLUE1.0总排行榜、分类任务、阅读理解等三项榜单均取得了第一的成绩,其中OCNLI(自然语言推理)单任务也是第一。9月28日,浪潮人工智能研究院的源1.0模型在ZeroCLUE零样本学习榜的文献分类、新闻分类、商品分类、原生中文推理、成语阅读理解填空、名词代词关系等6项任务中获得冠军;在FewCLUE小样本学习榜的文献分类、商品分类、文献摘要识别、名词代词关系等4项任务中获得冠军。同在9月份,由华为云、华为诺亚方舟实验室以及哈尔滨工业大学组成的联合团队(EIHealth-NLP)在中文医疗信息处理挑战榜(Chinese Biomedical Language Understanding Evaluation,CBLUE)中取得总分第一的佳绩;11月25日,百度知识图谱(Baidu Knowledge Graph,BDKG)团队的ERNIE-Health模型超越EIHealth-NLP的模型、位居榜单总分冠军。10月13日,腾讯旗下微信人工智能团队的RobustPrompt模型获得FewCLUE小样本学习榜(提交多份)榜首。10月19日,腾讯优图实验室和腾讯云研发的TI-NLP模型在CLUE 1.0分类任务和CLUE 1.1分类任务两个排行榜位居首位。12月1日,腾讯旗下云小微人工智能助手团队提出的基于知识的中文预训练模型——十亿级参数量的神农(ShenNonG)模型一举登顶CLUE 1.1总排行榜、分类任务、阅读理解和命名实体任务4个榜单,刷新业界纪录。12月6日,百度旗下度小满人工智能实验室的轩辕(XuanYuan)预训练模型在CLUE 1.1分类任务中获得了排名第一的好成绩。12月27日,美团NLP中心的WenJin模型登上CLUE 1.1分类任务榜首。12月28日,网易伏羲实验室的玉言模型在FewCLUE小样本学习榜单登顶,其中,IFLYTEK(长本文分类)、CLUEWSC(代词消歧)、CSL(论文关键词识别)、CSLDCP(学科文献分类)等单任务取得第一。2022年1月24日,粤港澳大湾区数字经济研究院(简称"IDEA研究院")认知计算与自然语言研究中心的二郎神——MRC中文预训练模型获得ZeroCLUE零样本学习榜,其中,CHID(成语填空)、TNEWS(新闻分类)超过人类,CHID(成语填空)、CSLDCP(学科文献分类)、OCNLI(自然语言推理)单任务第一。1月29日,四维图新的CL_learining模型获得DataCLUE榜(以数据为中心AI)的第一。2月21日,北京智源人工智能研究院大模型研究中心使用知识增强的预训练语言大模型悟道·文渊(WenYuan 1.0)登顶kgCLUE 1.0大规模知识图谱问答评测排行榜。3月23日,美团NLP中心FSL++模型在FewCLUE小样本学习榜拔得头筹。4月14日,中国太平洋保险(集团)股份有限公司(英文简称"CPIC")的KgCLUE2.0_KBQA模型在kgCLUE 1.0排行榜问鼎首位。4月19日,度小满人工智能实验室的TranS算法在OGBL-wikikg2国际知识图谱基准数据集比赛上强势夺冠。

　　工业级的预训练模型框架、多GPU并行计算库、训练加速库、分布式训练框架已经成为各大深度学习开发平台竞争的焦点。从 2018 年 6 月 11 日开始，包括 GPT、BERT、GPT-2、GPT-3 等在内的许多大规模预训练模型最初都是基于谷歌 TensorFlow 2.x 开源深度学习框架开发的，TensorFlow 在分布式训练、性能优化和生产部署方面都具有一定优势，并于 2018 年 4 月 3 日发布了用于存储可重用机器学习资产的开放仓库和库 TensorFlow Hub，提供了许多预训练模型。2018 年 11 月 17 日，抱抱脸（Hugging Face）公司发布了用 PyTorch 开源深度学习框架改写的 BERT 模型源代码（pytorch-pretrained-bert），2019 年 7 月 16 日发布 PyTorch-Transformers v1.0，9 月 26 日正式更名并发布了 Transformers v2.0 工具包，同时支持 TensorFlow 2.0 和 PyTorch，目前包含 95 个预训练模型。2019 年 4 月 23 日，百度正式开源了工业级中文 NLP 工具与预训练模型集——PaddleNLP；7 月 8 日，百度 PaddleHub 预训练模型工具包 1.0 版本正式发布，为用户提供 40 个预训练模型；至 2020 年 3 月 23 日，百度开源深度学习框架飞桨（PaddlePaddle）视觉模型库升级 15 个产业级算法、推出 35 个高精度预训练模型，PaddleCV 库中的高质量算法已经达到 73 个，预训练模型总数达到 203 个；2021 年 12 月 22 日，PaddleHub v2.2.0 发布时支持的预训练模型增至 360 个，覆盖文本、图像、视频、语音四大领域。2019 年 6 月 10 日，PyTorch Hub 预训练模型存储库发布首日有 18 个预训练模型入驻，目前增至 47 个预训练模型；7 月 25 日，纽约大学计算智能学习视觉和机器人实验室的博士研究生、脸书人工智能研究院（Facebook AI research，FAIR，2021 年 10 月 29 日后更名为 Meta AI research，下同，是 PyTorch 框架的创建者和管理者）的博士实习生威廉·福尔肯（William Falcon）公开了深度学习加速库 Pytorch Lightning，它是在 PyTorch 基础上进行封装的库，为了让用户能够脱离 PyTorch 一些烦琐的细节，专注于核心代码的构建，提速模型训练流水线，支持并行数据加载、并行多 GPU 训练、混合精度、早停法、优化模型评估和推理等。2019 年 7 月 17 日，腾讯优图实验室正式开源了全球首个多种 3D 医疗影像专用预训练模型，专为 3D 医疗影像在深度学习应用上所开发的一系列预训练模型，其提供的预训练网络可迁移到任何 3D 医疗影像的 AI 应用中，包括但不限于分割、检测、分类等任务。2019 年 9 月 20 日，英伟达推出用于构建、训练和微调 GPU 加速的语音和自然语言理解模型框架 NVIDIA NeMo；2020 年 5 月 14 日，英伟达推出贾维斯（NVIDIA Jarvis，2021 年 7 月改名为 NVIDIA Riva）交互对话式人工智能框架为开发者提供经过预先训练的最先进的深度学习模型和软件工具，以创建可轻松适应每个行业和领域的交互对话式服务；2021 年 4 月 27 日，英伟达发布了基于 PyTorch 深度学习框架、Transformer 架构的万亿参数巨型语言模型的分布式训练框架 NVIDIA Megatron（Megatron-LM 的升级版）；11 月 9 日，英伟达推出了为训练具有数万亿参数的语言模型而优化的 NVIDIA NeMo Megatron 框架，以及可以帮助处理数十亿的日常客户服务互动的全宇宙阿凡达（NVIDIA Omniverse Avatar）人工智能助手定制框架平台，该平台是基于语音、计算机视觉、自然语言理解、推荐引擎和模拟方面的技术生成的交互式人工智能化身，其自然语言理解基于可定制大型语言模型 Megatron 530B（即 MT-NLG），其语音识别基于英伟达 Riva；当天还发布了高性能深度学习推理优化器和运行时 TensorRT 的 8.2 版本，在 PyTorch 和 TensorFlow 中提供了 API，对 10 亿级参数的自然语言生成模型进行了优化，其中包括用于翻译和文本生成的 T5 和 GPT-2，使实时运行自然语言生成应用程序成为可能。2020 年 9 月 18 日，阿里云机器学习平台 PAI(Platform of Artificial Intelligence)团队正式开源了业界首个面向自然语言处理场景的深度迁移学习框架 EasyTransfer；2022 年 3 月 4 日，该团队发布完全开源支持 10 万亿模型的自研分布式深度学习训练框架 EPL(easy parallel library，原名 whale)，进一步完善面向大规模深度学习分布式自动化训练生态。2021 年发布的华为盘古大模型和中科院三模态预训练模型都是基于华为昇思(MindSpore)开源深度学习框架开发的。2021 年 5 月 28 日发布的旷视天元(MegEngine)深度学习框架 v1.4 中原生支持动态图显存优化(Dynamic Tensor Rematerialization，DTR)(Kirisame et al.，2020，2021)技术，利用额外计算减少显存占用，从而实现小显存训练大模型的目的。2021 年 4 月 28 日，马里兰大学帕克分校计算机学系的乐凯宇(Kaiyu Yue)公开了 TorchShard 库，用于将 PyTorch 张量切成并行的分片(shard)，为减少 GPU 内存使用和扩大模型训练规模提供了支持。自 2020 年 10 月 27 日发布 PyTorch 1.7 开始，PyTorch 一直在强化分布式训练、优化大规模训练，2021 年 7 月 15 日发布的 PyTorch 1.9 版本在 FairScale 库中实现完全分片数据并行(Fully Sharded Data Parallel，FSDP)工具，10 月 21 日发布的 PyTorch 1.10 版本将分布式数据并行(Distributed Data Parallel，DDP)通信钩子和零冗余优化器(ZeroRedundancyOptimizer)模块更新至稳定版，这意味着开发者可以基于 PyTorch 分布式并行计算模块训练超大模型。11 月 10 日，快手西雅图 FeDA 智能决策实验室升级了名为 PERSIA 的基于 GPU 异构并行的广告推荐混合加速训练框架，可以高性能、高效率训练百万亿参数量级的模型。2022 年 1 月 20 日，在智源社区举办的第 1 期悟道 Talk 上，清华大学计算机系博士生马子轩介绍了基于国产神威超级计算机的脑规模超大预训练系统八卦炉(BaGuaLu)(Ma et al.，2022)，该系统可以以每秒艾次浮点运算(Exa Float Operation Per Second，EFLOPS，$1exa=10^{18}$)的混合精度性能训练十万亿参数的模型，同时支持最大 174 万亿参数量模型的训练，是世界上第一个支持人脑神经元突触规模(百万亿参数量)的神经网络的训练框架，参数 1.75 万亿的悟道 2.0 就是基于八卦炉训练的。3 月 1 日，字节跳动开源了建立在 Megatron 和 DeepSpeed 之上的大模型训练框架 veGiantModel，使 GPT、BERT 和 T5 等大规模预训练语言模型的训练变得简单、高效和有效，其机器学习平台火山引擎(VolcEngine)原生支持了 veGiantModel。4 月 14 日，硅心科技发布了首个"基于大规模深度学习模型"的智能编程产品 aiXcoder Large 版(简称 aiXcoder L)，这是国内首个基于"大模型"的智能编程商用产品，也标志着 aiXcoder 已在智能编程领域将"深度学习大模型"推向企业商用时代。

人工智能计算(或算力)中心、智能超算中心或先进计算中心(此处统一简称"智算中心")的发展为人工智能(超)大模型参数规模不断扩大提供了基础设施支持。2021 年 7 月 4 日，工业和信息化部印发的《新型数据中心发展三年行动计划(2021—2023 年)》(工信部通信〔2021〕76 号)规划目标为，到 2023 年底，全国数据中心总算力超过

200 EFLOPS，高性能算力占比达到 10%，国家枢纽节点算力规模占比超过 70%。2021 年 12 月 20 日和 2022 年 2 月 7 日国家发展和改革委员会分别同意在内蒙古自治区、甘肃省、宁夏回族自治区、贵州省、粤港澳大湾区、成渝地区、长三角地区、京津冀地区等八地启动建设全国一体化算力网络国家枢纽节点，标志着"东数西算"国家项目正式全面启动，智算中心作为数据中心中的一颗"明珠"受到各地政府的进一步重视。据不完全统计，截至 2022 年 5 月，中国已经建成并投入运营的智算中心分别位于珠海、深圳、武汉、合肥、南京、天津、西安、嘉兴、许昌、晋城、哈尔滨、上海、成都等 13 地市（按投运日期先后排序），开工在建智算中心项目的 9 个城市是上海、合肥、庆阳、大连、沈阳、昆山、深圳、长沙、随州等，宣布规划建设智算中心项目的有北京、海南、徐州、南京、克拉玛依、无锡、杭州、南宁、广州、长沙、青岛、廊坊、盐城等 13 个城市，深圳、上海、南京、合肥、长沙等地有多个智算中心投运、在建或待建。其中，2020 年 10 月在深圳建成试运行的"鹏城云脑Ⅱ"具有国际领先的人工算力和数据吞吐能力，可提供不低于每秒 1024 千万亿次运算（Peta Operation Per Second，POPS）的整机计算能力和 64PB 的高速并行可扩展存储，2021 年研制出了 2000 亿超大参数中文预训练模型"鹏城·盘古"、抗病毒多肽生成大模型"鹏城·神农"生物信息研究平台，并持续在多语种机器翻译、视觉与跨模态等领域开展大规模预训练模型研究，2020 年 11 月、2021 年 7 月、11 月连续三次获得全球超级计算大会、国际超算大会 IO500 全系统榜和 10 节点规模榜两项世界冠军，2020 年 11 月、2021 年 11 月两度赢得中国超级算力大会 AIPerf 500 榜单冠军，2021 年 5 月 MLPerf training v1.0 基准测试中取得了图像处理领域模型性能第二名和自然语言处理领域性能第一名。2022 年 1 月 24 日，商汤科技（股票代码：0020.HK）人工智能计算中心（Artificial Intelligence Data Center，AIDC）一期在上海自由贸易试验区临港新片区竣工并启动运营，其设计的峰值算力高达每秒 3740 千万亿次浮点运算（即 3740 PFLOPS、374 亿亿次浮点运算，1peta＝10^{15}），成为全国最强、亚洲最大的人工智能计算中心，可完整训练万亿参数超大模型，二期还在规划中，估计是一期体量的 1～2 倍。就在同一天，脸书母公司 Meta Platforms Inc.揭幕了其研究团队的全新的人工智能研究超级集群（Research Super Cluster，RSC），或将成为全球运行速度最快的人工智能超级计算机——每秒数奎（quintillion，1^{18} 或 10^{17}）次浮点运算，服务创建更准确的人工智能大模型，这些模型可以从数万亿个样本中学习，跨数百种语言工作，在理解数百种语言的同时快速为不同的语言进行翻译，让讲不同语言的人能实时明白对方在说什么，并同时分析文本内容、图像和视频，确定内容是否有害，也可以优化新一代元宇宙（metaverse）产品的用户体验。2022 年 6 月 1 日，上海市通信管理局印发的《新型数据中心"算力浦江"行动计划（2022—2024 年）》（沪通信管发〔2022〕30 号）提出，到 2024 年，上海市数据中心总算力规模将超过 15EFLOPS，高性能算力占比达到 35%，人均可用智能算力将超过 220GFLOPS/人（1giga＝10^9）。

1.2.2　金融文本情绪分类任务意义

2019 年 12 月突如其来的新型冠状病毒感染导致的肺炎（COronaVIrus Disease

2019，COVID-19)疫情，成为影响金融稳定的社会舆情新动态，2020年至2022年在全球的大流行对全球经济金融社会的冲击，在速度、力度和规模上都远超出预期。受到全球新冠肺炎疫情影响，国际货币基金组织(International Monetary Fund，IMF)世界经济展望数据库(World Economic Outlook Database)显示，2020年全球经济萎缩3.5%，而中国国内生产总值(Gross Domestic Product，GDP)增长2.3%，是全球三个实现正增长的主要经济体之一，中国成为全球经济复苏关键力量——中国作为重要贡献者，在"外防输入、内防反弹"总策略和"动态清零"总方针的指引下，通过科学防控、精准施策、果断处置等有效措施迅速控制疫情，遏制疫情扩散势头，扭转了经济增速下跌趋势，帮助全球贸易自2020年6月份起复苏。2021年中国奋力支撑全球复苏，GDP突破110万亿元、达到114.367万亿元，按不变价格计算，GDP同比增长8.1%、两年平均增长5.1%，而全球大部分国家两年平均增长率为负值，中国经济总量占世界的比重大大增加，达到18%。2022年中国GDP目标增速5.5%左右，基本摆脱疫情的影响。随着各国经济发展逐步重启，全球经济正走出低谷，但由于部分地区疫情蔓延加速，很多经济体经济重启步伐仍然缓慢。新冠肺炎疫情肆虐的两年多时间里，在实施人与人之间保持安全社交距离、少出行少聚集、强制集中医学隔离观察、居家隔离健康观察、国际航班熔断指令、封控区、管控区和防范区分级管控等从严防控举措的情况下，以线下、面对面为场景的交易方式难以为继，实体经济、线下商业服务业都受到了重创；然而，远程办公、视频会议(包括网课、网诊)、网购拼团、健康码、行程码(即通信行程卡)、场所码、核酸码、(抗原)疫测码、疫苗接种记录、居家健康监测证明/隔离点医学观察证明、出入证、通行证、复工证、大数据实时跟踪与预测(如疫情动态、疫情形势、疫情地图、阳性感染者活动轨迹、风险带星、密接自查、时空伴随者迁出地分布图(即迁徙流向地图)、流行病学溯源调查、中高风险区查询、核酸报告查询、医院停诊查询、核酸采样点查询等)、非接触测温人核验机器人(又称为"数字哨兵")、核酸采样机器人等各类数字化与智能化技术与工具的使用，实现了联动协同、动态管理、过程透明、数据集成、实时统计、多维分析、永久追溯，对疫情科学精准防控、重大突发事件应对及降低疫情对工作和生活的影响，发挥了关键性的作用。因此，新冠肺炎疫情成了虚拟经济的催化剂，是推动企业数字化转型的重要因素，同时也促进了全球人工智能产业的发展。如果说，人工智能对于社会高效运转的必要性在前些年还不够明显，那么此次新冠肺炎疫情作为一个推手，各类人工智能应用在此次疫情期间暴发，正式将人工智能全面推向社会的方方面面。人工智能科研成果转化实践应用在中国疫情防控、复工复产和经济恢复中起到重要作用。

新冠肺炎疫情突发公共卫生事件发生后，中国政府高层对新基建的重视程度显著提升，人工智能产业全面产业化、行业应用与商用化全面普及落地进入快车道。2018年12月中央经济工作会议提出"加快5G商用步伐，加强人工智能、工业互联网、物联网等新型基础设施建设"。随后在2019年3月的政府工作报告提出"加强新一代信息基础设施建设"。2020年2月14日以来，"新基建"作为经济政策热点词汇频繁在国务院常务会议、中央深改委会议、中央政治局会议等顶层会议上被提及，5月22日"新基建"首次写入政府工作报告。2020年4月20日国家发展改革委新闻发布会上，官方首次明确了"新基建"范围，主要包括三个方面：一是信息基础设施，二是融合基础设施，三是创新基础设施，其中创新基础设施主要是指支撑科学研究、技术开发、产品研制的具有公益属性的基础设施，比如，重大科技基础设施、科教基础设施、产业技术创新基础设施等。此后，中央广播电视总台列出了"新基建"主要包括的七大领域：5G基建、特高压、城际高速铁路和城市轨道交通、新能源汽车充电桩、大数据中心、人工智能、工业互联网。在大力实施国家创新驱动发展战略下，国家加速推动新型基础设施建设，既彰显了以高质量发展促进经济增长的决心，更赋予了中国各行业产业创新发展新的机遇红利。科技的发展一直改变着人类的生产方式，并不断提升人类社会的运作效率和抗风险能力。人工智能技术作为"新基建"的七大领域之一，除了自身技术的发展之外，更重要的是推动各行业完成人工智能化转型升级，实现新旧动能的转换，构建以国内大循环为主体、国内国际双循环相互促进的新发展格局。2021年11月1日，工业和信息化部印发的《"十四五"信息通信行业发展规划》制定发展目标为，到2025年，基本建成高速泛在、集成互联、智能绿色、安全可靠的新型数字基础设施。本书就是在人工智能新基建元年、金融数智化转型发展窗口期的背景下产生的。

舆情对经济金融运行和企业经营的影响日益受到各界的关注。在移动互联网时代，金融行业相关的舆情呈现"浪涌"态势，出现时间相对集中、信息交互量大，交互次数频繁。金融舆情的产生、扩大和传播对投资者、金融机构、金融业乃至宏观经济运行都会产生重要影响，往往一些小的信用危机，则有可能酿成金融危机事件，因此，对金融舆情进行监测与应对可以把握预期管理的节奏，减少和避免金融舆情危机的爆发。近年来，金融监管部门越来越重视舆情数据的使用，将当前舆情压力最大、最敏感的行业作为工作关注的重要方向，特别是对一些周期性、常态化的问题提前布局，通过精准识别、精准执法，以监管促合规，在降低自身舆情风险的同时，也提升工作效率，优化市场环境。

智能化舆情监测管理使用人工智能技术进行全网媒体内容自动化检索、分析和情报挖掘，可以精确地对文本类信息进行情感分析、实体识别、语义消歧、知识图谱构建、话题分类、自动摘要，并对于图像类的信息进行有效的品牌识别、人脸识别、物体识别和文字识别等。传统的舆情监测系统，通常由"关键词"搭配"与、或、非"的判断逻辑进行数据检索，往往需要辅以大量的人工，对数据进行二次处理；而智能化的监测系统则通过自然语言处理技术对内容进行多维度识别，从而提升数据的准确性。基于自然语言处理技术，智能化舆情监测管理系统运用垃圾分类模型提升数据精准度，并通过情感分析技术获取敏感信息，实时表现舆论状态，评估舆论走向；在此基础上，系统还能通过事理图谱、热点聚类、文本分类等学习方法，对舆情事件的发展脉络、特征分布、风险等级进行自动阶段性总结，并给出趋势预测。智能化舆情监测管理系统不仅能够将已有风险归纳为经验知识，还可以将某一种经验扩充为某一类经验，以此来实现对未来风险的精准预测，可以发现以往并未存在但将来可能存在的风险。

金融文本情绪分类是金融舆情监测的重要技术手段，目前尚未具备实现大规模自动化的能力。1956年人工智能肇始于美国达特茅斯会议，2016年是人工智能诞生60周年，2016年被称为人工智能（爆发）新元年（以谷歌DeepMind公司阿尔法围棋

(AlphaGo)击败围棋世界冠军、职业九段棋手李世石为代表),2017 年被《华尔街时报》《福布斯》和《财富》杂志称为人工智能应用元年。经过近几年的发展,人工智能在金融领域的应用已经成果颇丰,得益于金融领域的大容量、准确的历史数据和可量化等特点,它非常适合与人工智能技术结合。随着人工智能金融应用程序的广泛使用,人工判断新闻、公告、评论、报告等金融文本的倾向性的工作量巨大,迫切需要一种面向金融领域的自动文本情感分析技术和工具。"短文本的计算与分析技术"和"跨语言文本挖掘技术"是《国务院关于印发新一代人工智能发展规划的通知》(国发〔2017〕35 号)中提到的关键共性技术,是"人工智能发展进入新阶段""人工智能成为国际竞争的新焦点""人工智能成为经济发展的新引擎""人工智能带来社会建设的新机遇""人工智能发展的不确定性带来新挑战"的战略态势下的重点任务。情感分析等文本处理标准是《国家新一代人工智能标准体系建设指南》(国标委联〔2020〕35 号)中关键领域技术标准建设重点之一。

本书的选题在金融科技创新探索和金融新基建产业化落地两方面都具有积极意义。2020 年 9 月 24 日在上海黄浦世博园区召开的外滩大会(in. clusion fintech conference)咖啡圆桌上,2016 年诺贝尔经济学奖获得者本特·罗伯特·霍斯特罗姆(Bengt Robert Holmström)认为,科技正在改变金融的现状,过去需要实物作为抵押品,但现在科技让信息可以作为新的抵押品,让更多的人不受地理空间的限制获得金融带来的益处。2001 年诺贝尔经济学奖获得者安德鲁·迈克尔·斯宾塞(Andrew Michael Spence)表示,信息和数据已成为数字经济和数字金融时代的新的抵押品,其实摧毁了过去 50 年广为人知的经济理论,当前经济已经进入数据驱动的经济社会,这有助于解决因信息不对称所造成的金融崩盘问题,基于新的抵押品,全球金融体系或将变得更好更健康。显然,两位经济学家的观点都揭示了,数字科技正在催生新的金融理论变革、金融应用创新和金融研究内容,金融科技是未来全球金融的增长点与竞争点。

除了概率论与数理统计和人工智能专业(包含情感计算和自然语言处理),金融文本情绪分类问题的研究还可以为金融计算(Financial Computing)、计算金融学(Computational Finance)(包含计算实验金融〔Agent-based Computational Finance, ACF〕)、社会计算(Social Computing)和/或计算社会学(Computational Social Science)、人文计算、社会人文计算等交叉学科更进一步的研究提供基础、方法、技术和应用,解决金融、经济社会的各类复杂计算问题。其中,金融计算可以视为社会计算应用研究的一部分。

为人类带来更好的体验与造就优秀产品的企业成功——聚焦人与企业的人工智能(Artificial Intelligence for People and Business,AIPB)框架,是人工智能愿景和战略成功的关键。深度学习的理论前沿和商业化应用是两个完全不同的问题。尽管深度神经网络仍存在一些局限性,人工智能不需要匹敌或超越人类能力,也就是说,在具有认知推理(Cognitive Reasoning)能力的有意识学习(Conscious Learning)的技术奇点(Technological Singularity)来临之前,暴力计算型人工智能就可以拥有巨大的商业价值。作为一种智能模型,深度学习或许正在突破概念上的极限,但应用它来改变行业、实施大规模现实世界变革的机会仍然很多,而目前深度学习带来的商业机会几乎还没有开始被开发。金融业基于预期与信用的行业特征，更加容易受到舆情的影响。金融舆情为公众对于特定金融事件或金融运行形势趋势所发表的评论、观点和意见，能够通过一定的作用机理对实际的金融市场，金融机构甚至宏观金融运行产生现实的影响。基于维护金融市场，金融机构和宏观金融运行秩序的目标，需要金融监管机构采取基于金融舆情的金融监管措施。以人工智能为代表的新科技与传统金融业相结合将促使未来的金融服务更具普惠性。长期以来由于在金融行业中存在着诸如信息不对称、获客成本高以及风险不可控等问题，仅有大中型企业和富裕的个人可以享受到优质服务，而广大小微企业和长尾客户的金融需求并没有得到满足。人工智能等相关技术的不断发展成熟促使金融行业的服务模式在未来发生巨大变化，新科技的应用可以使得金融机构的服务可以触及到更多尚未覆盖的群体，同时还可以降低金融机构的服务与运营成本，让客户可以获得更加优质且成本低廉的产品与服务，进一步提升用户的满意度，最终实现全社会福利的提高。

金融科技化引领金融业未来发展，人工智能在金融行业银行、保险和证券等三大细分领域，金融产品、客户服务、精准营销、风险控制、金融监管等五大业务方向，身份识别、智能营销、智能风控、智能客服、智能理赔、智能投研、智能投顾、智能运营、智能合规等九大应用场景，均有极大的渗透性。金融情绪分类任务是金融文本的语义挖掘，针对带有主观描述的中文文本，可识别和提取原始文本材料中的主观信息，可自动判断该文本的情绪极性类别并给出相应的置信度，助力金融科技（Financial Technology，FinTech），合规科技（Regulation Technology，RegTech）和监管科技（Supervision Technology，SupTech）也已纳入金融科技研究范畴。金融服务企业在监控金融产品或服务的社会情绪的同时了解其品牌影响力，能够帮助企业理解用户消费习惯、分析热点话题和危机舆情监控，为企业提供有利的决策支持；通过对产品多维度评论观点进行倾向性分析，给用户提供该产品全方位的评价，方便用户进行决策，为产品赋能、为企业转型升级赋能。对话情绪识别自动检测对话文本中蕴含的情绪特征，帮助企业全面把握产品体验、监控客户服务质量。金融监管机构则需要通过对舆情监控的实时文字数据流进行情绪倾向性分析，把握金融市场对热点信息的情绪倾向性变化，把危机消灭在萌芽状态。在学术价值之外，本书的研究也为中文金融文本情绪分类实现规模化应用落地贡献了微薄之力。

1.3 情绪分类

1.3.1 文本情绪分类

语言是情感和思维传递的工具，情感语义是最高层的语义。情感（emotion）和情绪（sentiment）都是心理学用语，都是人对外界感受的反应变化过程；在心理（或精神）和生理（或感官）上的感受两个方面，情感和情绪是有区别的。维度情感理论（dimensional emotion theory）是被心理学家广泛接受的情感分类体系（emotion classification system），冯特（Wundt）最早提出三维度情感分类：愉快到不愉快、唤起到压抑、紧张到放松。梅拉宾（Mehrabian）等提出愉悦度-唤醒度-掌控度（Pleasure-Arousal-Dominance，PAD）情感状态模型，愉悦度是评估：愉快、不愉快等积极和消极情感内涵；唤醒度是意识：困倦、平静、无聊、放松等情感状态、精神警觉和身体活动状态；掌控度是强度：愤怒、恐惧、孤独等情感控制和行为限制。人格特质与 PAD 量表呈显著正相关，PAD 还被作为描述和测量个体性格差异的一般框架。罗素（Russell）提出的情感环状模式将情感维度相互关系以空间模型的形式呈现在一个圆中，愉快（pleasure）为 0°、兴奋（excitement）为 45°、觉醒（arousal）为 90°、痛苦（distress）为 135°、生气（displeasure）为 180°、抑郁（depression）为 225°、困倦（sleepiness）为 270°、放松（relaxation）为 315°，相反的情感位于彼此相对的位置。普拉切克（Plutchik）提出的基本情感心理进化理论（psycho evolutionary theory of basic emotions）的情感轮（wheel of emotions）包含 8 种基本情感：高兴（joy）、悲伤（sadness）、愤怒（anger）、恐惧（fear）、信任（trust）、厌恶（disgust）、惊讶（surprise）、期望（anticipant），并且每种情感又划分了不同的情感强度等级，8 种情感还可以 4 对双向组合或两两相互结合形成更多的情感。在社会心理学研究中，情感心理学家（emotion psychologist）埃克曼（Ekman）给出 6 种基本情感，后更新为 7 种人类普遍情感（universal emotion）：愤怒（anger）、鄙视（contempt）、厌恶（disgust）、喜悦（enjoyment）、恐惧（fear）、悲伤（sadness）、惊讶（surprise）；喜悦又可以细分为 16 种不同的喜悦情感。帕罗特提出 6 个核心情感（emotion）：喜爱（love）、愉悦（joy）、惊讶（surprise）、愤怒（anger）、悲伤（sadness）、恐惧（fear）。以上这些社会心理学的普遍情感分类适用于消费者心理学、营销心理学、行为心理学、（微）表情心理学、教育心理学、广告心理学、传媒心理学（包括社交媒体）等多个领域。不同（地域）文化、不同上下文语境、不同知识领域的语义对应的情感词可能不同（一义多词），反之，同一情感词在不同（地域）文化、不同上下文语境、不同知识领域中可能对应不同的情感倾向（一词多义）。情感分类不仅是文本分类，对特定话语情感的准确识别也与该话语所属的语境有关。而情感标注是一个困难的任务，当前的情感标注方法基于人类互动的心理学理论并不总是最有利于创建可靠的情感标注，也不是文本数据标注情感的最佳选择。

事实上，只有社会心理学的普遍情感分类被称为"情感"，在社会心理学之外其他领域的情感一般被称为"情绪"。例如，普遍情感分类应用于营销学被称为客户情绪分类，医学心理学将情绪状态分类为心境、激情和应激等。很多标题使用"情感分析"的中文文献，其对应的英文翻译却是"情绪分析"（sentiment analysis），中文标题应当修正为"情绪分析"。本书关注的是不同知识领域的不同情绪分类，1.3.2 节介绍的金融情绪分类的类别也与普遍情感分类有所不同。

在情感计算的统称下，情绪分类是情绪分析子任务之一。而很多以"情感分析"或"情绪分析"为标题的中外文献，实际内容大多只做了情绪分类任务。其实，情感分析还有其他子任务，按表达方式不同，情绪表达可以分为显式（explicit）和隐式（implicit）情绪表达，例如，侮辱或嘲笑（insult or ridicule）通常是显式（直率）情绪表达，讽刺或挖苦（sarcasm，irony or satire）通常是隐式（含蓄）情绪表达，负面情绪（negative sentiment）

既可以用显式情绪表达也可以用隐式情绪表达。显式情绪分析的子任务有幽默识别（humor identification or detection）、谣言（rumor）识别、仇恨言语（hate speech）识别、脏话或污言秽语（abusive language or profanity）识别、冒犯语（offensive language or taboo）识别、立场（stance）识别、讽刺识别、不良或违规内容（toxicity，toxic or violating content）识别、敌意（hostility）识别等，隐式情绪分析可以分为事实型、反问型、反讽型和比喻/隐喻型。

按情绪表现形式的不同，情绪分类可以分为文本情绪分类、音频情绪分类、视觉情绪分类等。文本、音频、视觉情绪分类的早期研究有：赫斯特（Hearst）使用句子含义强制转换成隐喻模型的方法进行语义解释来确定句子方向，德尔阿特（Dellaert）创建一个标注 4 种情感（快乐、悲伤、愤怒和恐惧）的语音库，巴特勒特（Bartlett）等使用计算机图像对面部表情分类测量。

文本情绪分类经历了基于词典（包括基于词典、基于语料库、基于规则）、传统机器学习、深度学习三个方法发展阶段。刘兵、林政、查鲁·C.阿加沃尔对基于词典和传统机器学习的方法进行了总结。庞波（Pang）、朱俭、布彻（Buche）、拉格尼（Ragini）、李勇等对传统机器学习方法进行了总结；刘通、宗成庆、尹裴等运用隐含狄利克雷分布（Latent Dirichlet Allocation，LDA）主题模型进行了情绪分类实验，许伟和史伟对中文微博文本进行情感分析，属于传统机器学习方法。半监督循环自编码器（Semi-supervised Recursive AutoEncoder，RAE）、矩阵向量循环神经网络（Matrix-Vector Recursive Neural Network，MV-RNN）、循环神经张量网络（Recursive Neural Tensor Network，RNTN）、动态卷积神经网络（Dynamic Convolutional Neural Network，DCNN）、TextCNN、字符级 TextCNN（character-level textCNN）、深层卷积神经网络（Very Deep Convolutional Neural Network，VDCNN）是运用深度学习模型进行情绪分类的早期文献，张磊、李然、邓力、马布鲁克（Mabrouk）等对深度学习方法进行了总结，哈加丽（Hajiali）对大数据情绪分类进行了总结，沙哈（Shah）等对多语种意见挖掘进行了总结，艾拉塔尔（Alattar）等对意见推理挖掘和解释情绪变异进行了总结，高凯、黄河燕、波里亚（Poria）等对文本情绪分类的三个发展进行了较为全面的文献综述，但都未包含预训练模型方法。

胡敏清（Hu）等通过商品评论所提到的特征，以及每一个特征所对应的情绪，进而形成产品特征的摘要；开启了方面级情绪分析（Aspect-Based Sentiment Analysis，ABSA）和细粒度情绪分类研究，主要判断句子中特定方面的不同情绪倾向，例如"这家餐厅味道很不错，但服务态度很差"，在很多句子中没有转折连词帮助判断情绪倾向变化。方面级情绪分类（Aspect-level Sentiment Classification，ASC）旨在预测句子对特定方面的情感极性，方面级情绪分类的两个子任务是方面对象级情绪分类（Aspect-Target Sentiment Classification，ATSC or Target-dependent Sentiment Classification，TSC）和方面类别级情绪分类（Aspect-Category Sentiment Classification，ACSC），内涵相同而表达不同的子任务名称包括对象级（aspect target or target-oriented，target-dependent）、实体级（entity level）、词语级（aspect term）、类别级或范畴级（aspect category or category based)、属性级或特征级(attribute level or feature based)、主题级或话题级(topic level)、概念级(concept level)等。这样,方面级情绪分类也就是预测给定对象或类别的情感极性,方面对象级(等同于实体级、词语级)情绪分类是判断句子中包含的每个评价对象、实体或词语的情感极性,例如"我喜欢他们家的小龙虾,但是臭豆腐太咸太油不好吃",小龙虾的情感极性为正向,臭豆腐的情感极性为负向。个体对象、实体或词语一般是名词或名词短语,例如,金融情绪分类句子中经常提及的对象有:宏观经济政策、财务指标、原材料、佣金等。方面类别级(等同于属性级、主题级、概念级)情绪分类是判断给定的每个类别、属性、主题或概念的情感极性,这些类别词、属性词、主题词或概念词不必出现在句子中,例如,餐厅评论有口味(口感)、味道、食材、装饰、气氛环境、交通便利等多个类别角度,数码相机有图像传感器、镜头、防抖等多个产品属性,电影评论分为动作片、喜剧片、恐怖片等多个主题,政治(热门)话题中有食品安全、教育改革、医疗保险、房价调整等多个概念(或议题)。除了两个分类子任务,方面级情绪分析的子任务还有方面词语抽取(aspect term extraction)即方面对象抽取(Aspect-Target Extraction,ATE)、方面类别抽取(aspect category extraction)即方面类别识别(Aspect-Category Detection,ACD)、方面级观点词抽取(Aspect-oriented Opinion Words Extraction,AOWE)、方面情绪三元组抽取(Aspect Sentiment Triplet Extraction,ASTE)、端到端方面级情绪分析(End-to-End Aspect-Based Sentiment Analysis,E2E-ABSA,EASA)等,在端到端方面级情绪分析任务中,即共同检测方面词语和方面类别以及相应的方面情绪,本质上是序列标注任务。从以上阐述可以看出,方面对象级情绪分析(Targeted Aspect Based Sentiment Analysis,TABSA)包括方面对象抽取和方面对象级情绪分类两个子任务;而方面类别级情绪分析(Aspect-Category Sentiment Analysis,ACSA)包括方面类别识别和方面类别级情绪分类两个子任务,方面抽取(Aspect Extraction,AE)包括方面对象抽取和方面类别识别两个子任务。除了方面级情绪分析全面综述和深度学习综述、方面级情绪观点文摘文献综述、细粒度情感分类的文献还有:方面对象抽取和情绪预测统一模型、上下文感知嵌入的方面对象级情绪分类模型、渐进式自我监督注意力学习神经网络方面级情绪分类模型、实体感知注意力融合网络(Entity-Sensitive Attention and Fusion Network,ESAFN)实体级图像文本多模态情绪分类模型、方面增强情绪分析(Aspect Enhanced Sentiment Analysis,AESA)方法、教育领域方面级情绪分析、面向连续型维度文本情感技术、Seq2Emo模型等。

文本情绪分类特定任务预训练模型的文献综述详见1.4.2节。

1.3.2　金融文本情绪分类

与普遍情感、产品评论、电影评论有所不同,金融情绪一般分为三类:利多(看涨)、利空(看跌)和其他(持平),或者按照证券机构评级类别分为五类:强力买入、买入、观望、适度减持、卖出,或者更多评级类别:买入、审慎买入、增持、审慎增持、优于大市、持有-超越同业(跑赢行业)、持有观望、强烈推荐、推荐、审慎推荐、中性、卖出、强烈卖出、卖出清仓(有的评级类别又分为A和B,例如,买入-A、买入-B;有的评级类别又分为短期、中期、长期，例如，长期中性、短期卖出），不受不同（地域）文化的影响。

　　与文本情绪分类相同，金融文本情绪分类也经历了词典和规则（包括基于词典和基于语料库）、传统机器学习、深度学习三个方法发展阶段，满、阿尔加瓦（Algaba）等对这三个阶段进行了文献综述。此外，还有科佩尔（Koppel）等使用支持向量机（Support Vector Machine，SVM）对根据上市公司股票价格变动标注的正面或负面新闻报道进行分类，准确率为 70.3％；徐军基于贝叶斯语言模型对金融新闻情感分类；许伟通过构建网络爬虫对新浪微博和腾讯微博的金融相关文本抓取，分别用支持向量机、朴素贝叶斯、K-近邻（K-Nearest Neighbor，KNN）三种分类器实现金融微博情感分析，FinSSLx 金融领域情感分类模型，机器学习模型比较等。

　　金融领域文本情绪分类预训练模型详见 1.3.1 节。金融领域其他任务预训练模型和金融领域之外其他特定领域预训练模型，详见 1.4.2 节。

1.3.3　基于非预训练模型情绪分类的证券市场分析

　　行为金融学（behavioral finance）从人类非理性行为和判断决策的实际心理学规律视角，重新审视金融市场中人的作用。投资者情绪（指数）度量方法经历市场调查（问卷或机构观点）、人工文本统计（报刊股评）、代理变量（整体市场表现、交易指数、消费者信心指数等）、文本分类模型四个发展阶段。文本信息（新闻）对金融市场的影响早已被证实，基于金融文本情绪分类的证券市场分析是从应用于情绪与证券价格或风险相关（因果）关系检验开始的。安特韦勒（Antweiler）等研究了在雅虎上发布的一百五十多万条信息对道琼斯工业平均指数和道琼斯互联网指数的影响，股票信息有助于预测市场波动，对股票收益的影响在统计上很显著。王钏茹等利用金融情感词汇，运用回归和排序技术分析情感词汇与金融风险的关系，验证了金融情感词在风险预测中的重要性，金融情绪词与公司风险之间存在很强的相关性；后来基于风险-情绪数据集建立了句子级风险检测系统 RiskFinder。投资者情绪与比特币回报之间存在统计学上的显著关系。

　　在证实了存在相关（因果）关系的基础上，利用情绪分类对证券价格预测，萨胡等（Sahoo）、阿尔扎哈（Alzazah）、胡泽鑫（Hu）等进行了文献综述。早期相关文献除了基于统计语言模型分类器进行情绪分类，就是基于反映投资者情绪变化的代理指标用回归估计探究影响因素，再用朴素贝叶斯、支持向量机等算法预测股价，博伦（Bollen）等使用格兰杰非因果分析和自组织模糊神经网络分析每日推特消息（twitter feeds）社交媒体文本，从 6 个维度（冷静、警惕、确定、重要、善良和快乐）来衡量情绪，预测道指收盘价变化，结果显示，包含特定的公众情绪维度可显著提高道琼斯指数预测的准确性；米塔尔（Mittal）等在博伦的论文基础上改进，准确率提升到 87％；笪治等基于衰退（recession）、失业（unemployment）、破产（bankruptcy）关键词搜索建立金融和经济态度指数，然后再回归分析；孙童（Sun）等研究了几种机器学习模型对聊天室中的帖子情感进行分类，社交媒体（微博、股市相关聊天室、论坛）发帖情绪与中国股价变动与股票价格走势之间存在较强的相关性和格兰杰非因果关系，进一步利用聊天室情绪来预测市场方向的预测模型和以该预测作为交易指标的交易策略，可以获得有前景的投资组合回报。阮腾海(Nguyen)等用 5 只股票 12 个月历史股价数据对隐含狄利克雷分布(Latent Dirichlet Allocation,LDA)主题情感(Topic Sentiment Latent Dirichlet Allocation,TSLDA)模型进行训练和评测,比情感主题联合模型(Joint Sentiment/Topic model,JST)准确率高出 6.07%。郑丽娟等使用 n-gram 作为特征项,创建 GARCH-SVM 模型基于东方财富网和新浪财经股吧评论的情感指数对军工行业的 30 家上市公司股票价格预测。金在允(Kim)等通过构建和分析一个包含新闻文章的情感词典来进行情感分析,得到每个日期的新闻文章的积极索引,从而确定了情感分析在股票市场中的效用和可能性。王世文等选择逻辑回归(logistic regression)作为股评情绪分类器构建凯英莱[002821.SZ]个股舆情因子值解释其股票市价上升原因。高森等基于情感词典给东方财富网旗下上证指数股吧中基本情感词赋分构建情感来源质量得分,乘以情感本体得分,得到综合情感指数,建立 ARMA-GARCHX 模型对股市短线预测。类似的方法还有,利用 StockTwits 评论的文本特征化和机器学习算法提取金融情绪,用效价感知词典和情感推理器(Valence Aware Dictionary and Sentiment Reasoner,VADER)对一些流动性较强的股票进行情感分析,使用不同的 n-gram 基于熵的情感分析评价策略来提高分类的准确性,探讨情绪分类对股票市场价格变化的影响。穆图库马尔(Muthukumar)等先用朴素贝叶斯对金融文本进行情绪分析输出 n 维向量,再用随机时间序列生成对抗网络(Stochastic Time-series Generative Adversarial Network,ST-GAN),利用生成对抗网络学习随时间推移的文本情绪分类和数值数据之间的相关性,使用随机采样的输入变量来预测股票价格走势。

此外,有的研究虽然使用了 word2vec 模型训练词向量,但未使用已预训练的词向量。帕古鲁(Pagolu)等采用 word2vec 和 n-gram 两种不同的文本表示来分析推文(tweets)中的公众情绪,监督机器学习分析了一家公司的股票市场波动与推文情感之间的相关性,社交媒体上关于一家公司的正面新闻和推文的肯定会鼓励人们投资该公司的股票,结果该公司的股价会上涨,股票价格的涨跌与推文中的公众情绪之间存在很强的相关性。闫鑫(2015)基于 word2vec 训练词向量,使用长短期记忆网络(Long Short-Term Memory network,LSTM)作为分类器对微博股评进行情绪分类,准确率显著优于基于情感词典和经典机器学习方法。许伟通过微博情绪序列和行情序列的升降走向相关性预测沪深 300 指数。虞雅雯使用 word2vec 训练特征向量,使用支持向量机(SVM)算法将股评情绪分为积极和消极两类,提出加权网络舆情和股票技术指标的反向传播神经网络预测股票收盘价。王乾基于 word2vec 金融文本向量化使用 LSTM 的不同结构获得舆情分类和财经新闻文本特征,建立融合多特征的股票趋势预测模型。林培光等提出语义卷积(Semantic CONVolutional,SCONV)模型利用 word2vec 的 CBOW 模型训练词向量对股票评论进行文本情绪分类,使用 LSTM 提取股评信息特征计算出情感值,再用 ConvLSTM 模型对股价预测,效果比 LSTM-CNN 等模型的预测性能更好。

除了基于情绪分类,还有基于信息量(即论坛发帖量、新闻条数)、基于新闻文本特征提取和基于新闻事件(event level)的金融价格(包括证券、汇率等)预测。其中,基于金融新闻和推文时间感知网络(Financial news and tweet based time Aware network for Stock Trading，FAST）采用 BERT 学习每日股票表征、日内注意机制强调可能具有实质性意义的文本、时间感知 LSTM（time-aware LSTM，t-LSTM）将两次成功发布文本之间的时间间隔（时间差）转换为适当的权重，再使用联合逐点回归和成对秩感知损失（joint point-wise regression and pairwise rank-aware loss）用于股票预期利润排名。

1.4 预训练语言模型

1.4.1 预训练语言模型的演进

2006 年，深度学习的开拓者之一辛顿（Hinton）开创性地提出了基于神经网络"预训练＋展开（编码器-解码器）＋微调"（pretraining-unrolling（encoder-decoder）-fine-tuning）的算法，并揭开了深度学习的发展序幕。预训练模型是为了解决跨任务迁移学习中不同任务而创建的已训练过的模型，代替反复从头训练模型来执行任务。按数据类型或问题领域的不同，预训练模型可以分为视觉预训练模型、音频预训练模型、语言预训练模型等。语言预训练模型就是从大型文本语料库（如新闻采集、维基百科和网页爬虫）估计的预先训练过的语言表征模型。预训练模型训练的数据越多，迁移到其他任务上的效果就越好，由于大型数据集的训练可能比较麻烦，许多业界的自然语言处理实践者一般更喜欢使用公开可用的预先训练过的输出向量（output vector），而不是自己训练模型。预训练语言模型经历了骨干网络架构由浅层到深层、由稠密到稀疏、由流（动）到扩散，特征提取器由长短期记忆网络（LSTM）到 Transformer 的解码器（Transformer decoder）或编码器（Transformer encoder）再到 X-former 模型（Transformer-XL、Longformer 等），表征学习编码对象由词到子词、序列、句子再到跨度（span）、分段（segment）、字符（character）表征，语言表征的上下文关联程度由上下文无感（context-unaware or context-nonsensitive）到上下文感知（context-aware or context-sensitive）表征，也被总结为由上下文无关（non-contextual）到上下文有关（contextual）嵌入、从静态到动态，上下文前后关系视角由单向、双向的词预测、序列预测到前后句预测再到句序预测，语言表征学习类型由有监督、无监督到自监督再到半监督（自训练等），迁移学习方式由基于特征迁移到基于参数迁移再到基于模型迁移再到基于领域知识迁移，结构化注意力分布由单层到多层、语言表征模型建模目标由自回归到自编码器再到自编码器加自回归等（详见 1.4.2 节），掩码分词由子词到全词，掩码机制由静态到动态，自然语言处理流程由自然语言生成到自然语言理解再到统一（理解＋生成），知识领域由通用到特定，语种由英文到其他特定语种再到多语种（多语言），模态由单模态（文本）到双模态（图像文本、视频文本、音频文本等）再到三模态（图文音），建模方法由单模型到融合模型，计算架构由串行计算到并行计算、由本地计算到分布式计算、由同构计算到异构计算，人工智能阶段由计算智能到感知智能的演进过程，参见"插图 1 预训练语言模型的演进（2006—2022 年）"。

浅层预训练语言模型本质是浅层神经网络训练的分布式表征（distributed representation），使用连续词向量（continuous word vector）的词表征（word representation)方式对上下文以及上下文与目标词之间的关系进行建模,学习得到的是上文和下文独立的静态词嵌入(static word embedding)。而浅层预训练语言模型应用于下游任务时,下游任务模型的其余部分仍然需要从头训练。不同于前馈神经网络语言模型和循环神经网络语言模型(参见 2.3.2 节),向量空间的词表征(word representations in vector space,word2vec)采用平行训练神经网络(parallel training of neural networks)的架构,先使用具有单个隐含层的神经网络学习词向量,然后使用单词向量来训练神经网络语言模型(即使不构造完整的神经网络语言模型,也可以学习单词向量),并同时提出了连续词袋(Continuous Bag-Of-Words,CBOW)模型和连续跳元(continuous skip-gram)模型两种新的对数线性模型,只关注使用简单模型学习词向量,CBOW 是根据上下文来预测当前的中心词或目标词(center word or target word),skip-gram 是根据中心词来预测窗口内前后一定范围内的相邻词(nearby word),skip-gram 采用的是局部上下文窗口方法。全局向量的词表征(Global Vectors for word representation,GloVe)模型是先构建全局词-词共现频数矩阵(word-word co-occurrence counts matrices),再利用矩阵分解和局部上下文的优点来学习词向量;GloVe 是一个全局双线性回归模型,没有使用神经网络。快速文本(fastText)模型与 skip-gram 模型隐藏层到输出层部分(即后半部分)的结构是相同的,都是一个将隐藏层状态向量输出到 softmax 层得到词汇表各词的预测概率;区别在于输出层到隐藏层部分(即前半部分),即得到隐藏层状态向量方式有所不同,获得了可以与深度预训练模型比肩的高效词表征学习。概率子词词袋(Probabilistic Bag-of-Subwords,PBoS)模型用于泛化预训练词表征,没有上下文信息。尽管 CBOW、skip-gram 和 fastText 模型尽可能使向量之间蕴含语义和语法的信息,但是它们只能传递词(和词组)级的信息,无法捕捉更高级别的语义信息。这些浅层不可变长上下文预训练语言模型使用的词嵌入方法通过源域语料库中的共现频数统计预训练得到,应用不受上下文的约束,源域和目标域中不同上下文中的同一词对应相同的词向量,对上下文中的多义消歧、句法结构、语义角色、回指无能为力。TextCNN、TextRCNN、C-LSTM、LSTM、BLSTM / Att-BLSTM、DPCNN 等文本分类模型除了随机初始化嵌入层外,使用 word2vec、GloVe 预训练的初始化词嵌入效果都更好。

科洛贝尔(Collobert)等最早提出了面向自然语言处理的深度预训练语言模型的思路(虽然原论文中不称“预训练”而是称“预处理”)并对词向量迁移学习能力进行了验证:使用一个多层神经网络架构,以端到端方式训练,接收输入的句子并学习处理输入的几层特征提取,由网络的深层计算得到的特征被反向传播自动训练成与任务相关的特征,这一适用所有自然语言处理任务的通用架构也可推广到其他自然语言处理任务。艾尔翰(Erhan)等用实验证实并阐明了无监督预训练的优势,这些结果提供了预训练效果对深度学习网络正则化解释的证据支持。戴等最早用深度学习模型证明了从无监督预训练获得的参数可以用于以后的监督序列学习训练模型的起点,拉玛钱德朗(Ramachandran)等使用两个语言模型的预训练权重分别初始化了 seq2seq 模型的编码器和解码器,然后再用监督数据对模型进行微调,在机器翻译和摘要提取任务上大大超过了以前的纯监督模型，证明了预训练的过程直接提高了 seq2seq 模型的泛化能力，再次提出了预训练的重要性和通用性。刘鹏飞等也提出了解决多任务学习（multi-task learning）的模型。深度神经网络中的参数可迁移到多个领域，然而预训练＋微调范式（pretraining and fine-tuning paradigm）最早流行于计算机视觉领域，通常的方法（模式）是使用大规模数据（例如，ImageNet 大规模视觉识别数据集或 COCO 大型图像数据集）对模型进行监督预训练，然后在具有较少训练数据的目标任务上对模型进行微调。在计算机视觉领域，也可以不依赖 ImageNet 数据集进行预训练，ImageNet 预训练模型可以帮助模型在训练早期加速收敛过程，但是并不一定能带来正则化的效果或最终提高目标任务的准确度，除非数据集特别小；收集目标数据的标注信息（不是源领域数据）对于改善目标任务的最终效果表现更有帮助；越大的自监督模型，半监督学习需要的标签越少，这些计算机视觉的结论为深度预训练语言模型研究的发展方向提供了依据。

深度自然语言处理（Deep Learning-based Natural Language Processing, DeepNLP）之风盛行始于 2017 年，以深度预训练语言模型的兴起为代表，在时间顺序上依次对语言表征模型、深度网络架构、语言模型、统一任务四个方面进行改进提升，下面按照进展时间线分别进行综述。最初先将传统词嵌入改进为（深度）上下文嵌入（(deep) contextual embedding），无论是监督学习还是无监督学习或自监督学习的环境下，上下文感知表征在词义消歧、语义相似度评估等方面比上下文无感表征更有效。向量空间的上下文表征（context2vec）模型是一个使用双向 LSTM（Bidirectional LSTM, BiLSTM）实现中心词的上下文长度可变（variable-length contexts of target words）通用句子上下文嵌入（sentential context embedding）功能的、与任务无关的、无监督神经网络模型，输出向量既可以表征从左到右的上文（left-to-right context），也可以表征从右到左的下文（right-to-left context）。上下文词向量（Contextualized word Vectors, or Context Vectors, CoVe）模型是使用（单向）LSTM 编码器来上下文语境化词向量，是唯一一个以机器翻译（Machine Translation, MT）为目的的监督学习预训练模型。基于语言模型的嵌入（Embeddings from Language Models, ELMo）表征模型是采用 BiLSTM 双向语言模型（bidirectional Language Model, biLM）架构的深度上下文词表征模型（deep contextualized word representations），biLM 的浅层专门用于局部句法关系，允许更深层来模拟更远距离的关系——例如共指（coreference）——及专门用于最顶层的语言建模任务，探测词性标注发现大部分词性信息被浅层提取。基于微调的通用语言模型（Universal Language Model Fine-tuning, ULMFit）采用通用域（general-domain）语料库，独立地对每个语言模型的分类器进行微调，并对分类器的预测取平均值。以上模型都是前向和后向的两个单向语言模型拼接进行预训练，而不是同时双向考虑上下文。当将输出空间限制到一个候选集时，静态嵌入的简单最近邻匹配性能比动态嵌入更好，但是学习静态嵌入通常需要大量词汇，而动态嵌入可以从更小规模的词汇表学习到有意义的表征；双向语言模型训练得到的平均效果更具有迁移性。

接下来，将 LSTM 替换为 Transformer。生成式预训练（Generative Pre-Training, GPT）模型是采用单向的、只有解码器的变换器架构、无监督预训练和有监督微调的组合,证明了可以通过对不同的未标注语料库生成语言模型的预训练,然后对每个具体任务进行区分性的微调来实现,仅需要对模型架构进行最小的更改,使用任务感知的输入转换来实现有效的转换即可。GPT-2 证明了语言模型没有任何明确监督、在零样本(zero-shot)任务迁移情况下开始学习自然语言处理任务,在名为 WebText 的数百万新的网页数据集上训练时,提高语言模型的能力可以以对数线性方式跨任务提高性能。GPT-2 模型最深层捕获了最远的依赖关系,句法泛化性(syntactic generalization)评价中发现 GPT-2 模型默认导入信息来自更大的训练数据集。GPT-3 证明了通过增大参数量就能让模型显著提高下游任务在特定任务和少量标注样本(few-shot)下的性能;GPT-3 的上下文小样本学习能力在很大程度上取决于上下文示例的选择。WebGPT使用基于文本浏览器对 GPT-3 进行微调,模型从网页中收集文章,然后使用这些文章来撰写答案,从而提高语言模型事实上的准确度。GPT-3 通过训练验证器来判断模型完成的正确性提高了其数学推理性能。GPT 系列模型与人类大脑处理语言的方式高度契合,模型的基本功能其实类似于人类大脑语言处理中心的功能,可以几乎完美地进行一些推断,而且这种能力具有跨数据集的稳健性。

然后,从自回归到自编码器再到自回归加自编码器不同目标进行语言表征建模。基于变换器的双向编码器表征(Bidirectional Encoder Representation from Transformer,BERT)模型通过掩码语言模型对上文和下文(both left and right context)联合条件和变换器编码器绝对位置嵌入(Transformer 使用正余弦函数的位置编码)迁移通用知识(general purpose knowledge),缓解了变换器的单向约束,实现了深度双向语言表征,在下游任务中只需对输出层进行微调;$BERT_{BASE}$ 和 $BERT_{LARGE}$ 在斯坦福情绪树库-2(Stanford Sentiment Treebank-2,SST-2)英文数据集上的准确率分别为 93.5% 和 94.9%。有人认为,BERT 使用比原生 15% 更高的掩码率可以提升性能。预训练语言模型包含通过探针(probe)还原语言知识,使用黑盒探测任务和可视化技术解读 BERT 内部运行机制发现,BERT 是马尔可夫随机场语言模型,BERT 是一种基于强交互的序列到序列(seq2seq)匹配模型,掩码语言模型具有对高阶词共现统计进行建模能力,BERT 表征以词汇信息为代价,词频(word frequency)是 BERT 成功跨领域迁移的根源,掩码语言模型的统计依存关系以句法结构的形式编码为有用的归纳偏差。BERT 中 Transformer 注意力头与语言学中句法和关联的概念是一致的,BERT 的注意力得分是对词性、依存、回指和传统自然语言处理管道的其他部分等句法信息进行编码的结果;每个头的注意力权重可以捕捉到句法结构依存关系,某些注意力头会更好地诱导特定的短语类型,使用干扰掩码(perturbed masking)无参数探测技术也得出形同结论,英文 BERT 与句法依存树相关,每个注意力头在包括句法关系标记、邻近标记、同一句子中的标记和分隔符不同功能角色对共同定位、跨层次分布、特定任务微调有不同的作用影响;注意力头在下游任务微调时的敏感性和注意一致性力比预训练时高,模型评测时移除大量的注意力头不会显著影响模型性能,注意力权重识别不了长度大于注意力头维度的序列,大多数语言属性都是由少数神经元编码的,不同的头都在重复有限的注意力,表明 BERT 模型存在过参数化(over parametrization)倾向,注意力结构不一定能揭示哪些分词用于预测；自注意力无法解释 BERT 子网络的不稳定性，BERT 在预测时会过度依赖一些特定的触发器（trigger）模式来做预测，很容易受到对抗触发器（adversarial trigger）攻击而造成预测显著失真。语言信息分布在预训练语言模型中，但在微调后本地化到较浅层，为任务特定知识保留较深层，网络依赖于核心语言信息并将其保存在网络的更深处，而其他任务会被忘记，BERT 模型在浅层捕获表层（surface）短语语法（phrasal syntax），中间层捕获句法（syntactic），深层捕获语义（semantic）和词义细粒度表征，且对短语边界的敏感性逐层增长。中文 BERT 的字级特征大部分位于中间表征层中，单句在较浅层产生的歧义可以在较高层被修正，中间层表现出更好的选区语法诱导（Constituency Grammar Inducing，CGI）能力，单个神经元学习词形态和词语义主要在网络较浅层，而句法学习则位于网络更深层，离群点（outlier）与位置嵌入捕获的信息密切相关，避免异常模式是提高模型性能的关键因素；整个句法树都隐式地嵌入了深层模型的矢量几何结构中，显式句法对自然语言理解的贡献可以忽略不计，仅凭借数据规模就完全精通自然语言句法，浅层携带更多词汇知识同时分布在多个层中，变换器通过结构属性而不是词汇语义在空间中对向量进行聚类，表征子空间组织不完全由语义决定，接近输入的较浅层学习了更多的可迁移语言表征，稀疏子网络对特定方面进行强编码，而对其他方面进行弱编码，掩码理顺表征（disentangling representation）的性能与基于变分自编码器和对抗训练的方法一样好，变换器前馈网络是一种低效但重要的且不能简单地被注意力块替代，BERT 对层交换性有归纳偏差，句法信息被 BERT 生成的表征非线性编码；目标任务性能与深层解析能力（如共指消解）密切相关，特定任务信息会被合并到分词标记表征中，在分类任务中提示（prompt）通常平均价值一百多个数据点，与生成任务相关的信息更容易从长期记忆中恢复；微调效果是脆弱、不稳定的，尽管微调确实会改变预训练模型的表征，并且对深层变化通常更大，但只有在极少数情况下，微调对准确率有积极影响，预训练模型存在与全参数空间的微调一样有效的低维重参数化，在大量样本上微调模型增加了鲁棒性，即使使用相同的超参数值，不同的随机种子微调效果也可能导致明显不同的结果，微调的不稳定性是由导致梯度消失的优化困难引起的，微调对模型语义能力影响很小，微调对基本和浅层信息以及一般语义任务几乎没有影响，微调对域外句子表征效果较弱；BERT 对特殊标记的关注不足；同时，BERT 严重依赖于关键词匹配，对词序或句法信息不敏感，阿拉伯语 AraBERT 也是依赖于表面线索和关键字匹配而不是文本理解，词性标注任务不理想，对某些类型的信息建模的能力仍然有限，并且无法应对某些信息源，例如（语义、文档）分割（segmentation）和段标注（segment labeling）任务；特定领域 BERT 需要多种方法来揭示句法知识的所有相关方面，在语义和句法分离的探测中 BERT 真实的句法能力并不高，对一个数据集似乎有效的解释可能无法概括到其他上下文，这样的 BERT 解释产生违反直觉的错觉；ELMo、BERT 和其他上下文感知向量空间模型还不能准确地表征某种语言的表达习惯；其中，克拉克（Clark）、莱夫（Reif）和坦尼（Tenney）、郝亚茹等使用可视化技术，维格（Vig）提供了开源 Transformer 注意力可视化工具。文档级篇章探测任务证明 BERT 捕获文档级关系的能力。大量的预训练数据有助于语言泛化性提升,因此通用语料(general-purpose)预训练模型相对容易地适应下游任务,预训练分词标记嵌入数量极大地影响下游任务,预处理的结构化数据并不一定能使模型获得转移到下游任务的能力,预训练数据集规模越大,越不能换来相同程度的模型高质量句法和性能提升,自然语言推理多个相似测试集间的性能差别很大,基于实例的解析器可以缩小平均测试集和每个实例的准确性之间存在的差异。英语中主语与动词数(即单数和复数)的一致关系距离越远,BERT模型准确度越低,擅长副词短语划分,模型相对性能取决于预训练和目标任务的相似性,语言模型仅需要大约1千万(10M)或1亿(100M)个词能够学习到表征,也就是可靠地编码大多数句法和语义特征,在法语问答数据集上仅使用100MB的文本即可获得性能良好的模型,当下游任务有足够大量(百万级)的训练样本,简单的LSTM也可以获得接近于RoBERTa的准确率;预训练数据与微调数据的接近度(proximity)比训练前数据的大小更重要;微调不会任意更改表征,而是在很大程度上保留数据点的原始空间结构的同时,为下游任务进行表征调整。BERT、ELMO和GPT-2模型的各层中词的上下文表征具有各向异性,且模型的层次越深,各向异性越强。数值推理能力方面,GloVe、word2vec和字符级ELMo具有较好的算术能力,子词级BERT不那么精确;数学表述表征(STAtement Representation,STAR)与自然语言跨模态方法可以使BERT具有更好性能;数学词问题(math word problem)在多语种BERT的实验表明数学求解器(math solver)不能迁移到其他不同的语种。RoBERTa可以快速、稳定、稳健地跨领域获取语言知识,较慢地分领域获取事实和常识,推理能力的获得一般是不稳定的。有文献认为,BERT可以获得高质量的关系知识,对于需要百科全书或常识知识的关系很大程度上依赖于词向量形成的方法,在常识知识消歧任务中BERT成功地捕获了结构化常识知识,微调使BERT学会在更高的层次上使用常识知识,然而也有文献认为常识推理对于BERT模型仍然是困难的,当减少常识推理训练数据规模,掩码语言建模头部会产生性能增益,下游高水平推理和推理能力任务的中间任务往往效果最好,BERT无法捕捉虚词(function word)语义,BERT对实体类型信息编码,BERT学到的东西无法对实体在语义上可比或相似的任何广义概念进行建模,相反受过训练的模型是非常特定于领域的,并且性能与在训练集中观察到的特定实体之间的共现高度相关;静态分布式语义模型(Distributional Semantic Model,DSM)在大多数上下文之外的语义任务和数据集中超越了上下文感知表征模型。问答任务中,BERT会先后关注与问题中和答案中的关键字有关的文本标记上,不擅长问答任务。有文献认为BERT存储事实知识(factual knowledge)代替结构化知识库(structural knowledge base)查询,BERT可以作为实体链接器构建的知识库,BERT中间层贡献总占比为17%~60%显著数量的知识,BERT产生的注意力可以直接用于代词消歧(pronoun disambiguation)、威诺格拉德模式挑战(Winograd Schema Challenge,WSC)等任务,BERT在WSC数据集上获得71.1%的准确率,微调BERT在WSC273和WNLI数据集上分别实现72.5%和74.7%的整体准确率,可以有效地利用语言模型进行常识推理;但是也有文献认为仅基于文本暴露的语言模型不足以获得典型知识,模型捕获了大量宾语标量量级（scalar magnitude of object）信息，但缺乏一般常识推理所需的能力，ELMo 和 BERT 模型无法处理常识推理，BERT 在语义片段（semantic fragment）基本逻辑和单调性推理上表现不佳，BERT 不能理解概念，即使是学习到推理规则在应用上也存在缺陷，BERT 和 RoBERTa 预训练语料库与在大量 WSC 测试集实例重叠时准确率高，BERT 只是对实体名称（表面形式）进行推理，BERT 只学习到含义（meaning）在语言形式（form）的映像，RoBERTa 和 BERT 并没有像它们对句法依赖那样有效地将谓语参数语义（predicate-argument semantic）带到表层，BERT 难以克服推理和基于角色的事件预测——在否定表达的含义上表现出明显的失败，预训练语言模型对多个常识知识图谱、未见关系和新实体的泛化缺乏理解，类比（analogy）识别能力有限，在Winograd 模式挑战中对数字或性别交替（gender alternations）以及同义词替换比人类更敏感，在代词解析、MNLI 和 SNLI 推理数据集上存在性别偏见（gender bias），且存在隐含因果偏差（implicit causality bias），BERT 在论据推理理解任务（Argument Reasoning Comprehension Task，ARCT）的表现存在虚假统计，BERT 学对自然语言理解来说是徒劳的。BERT 模型无法可靠地确定多个新复数词（novel plural words），这表明 BERT 模型的形态能力存在潜在缺陷；从心理语言学（psycholinguistic）研究中收集形态句法（morphosyntactic）、语义和常识异常（commonsense anomaly）的数据集，当常识异常是在形态句法上而不是在语义上时，RoBERTa 在较浅层表现出惊人的表现，而在任何中间层都没有惊人的表现，这表明语言模型使用了不同的机制来检测不同类型的语言异常；但是，也有文献的实验结果表明，BERT 模型对一个新词的一两个实例微调后，就可以实现稳健的句法泛化，能够以简单的方式进行新词学习。神经文本退化可能与注意力机制对归纳偏差的学习不足有关，动态注意力模块化（on-the-fly attention modularization）有助于常识推理。BERT 和 RoBERTa 语言模型的域内和域外校准评估中温度缩放法效果较好。较大的语言模型平均具有更高的准确性，但它们在每个实例不一定比较小的模型更好，微调噪声随着模型大小的增加而增加。

word2vec、ELMo、GPT 等都是自回归语言模型，而 BERT 是自编码器语言模型，而它们的子目标可以分为：联合概率密度估计、多目标、掩码、乱序、去噪、对比等，它们各自的优点和缺点存在一定程度的互补关系，下面的模型从骨干网络架构、建模目标和语言表征三方面改进。广义自回归预训练（generalized autoregressive pretraining，XLNet）网络基于最先进的自回归模型 Transformer-XL 和双流自注意力（two-stream self-attention）机制克服了 BERT 模型下游任务中缺少一些掩码分词标记的局限性。掩码和乱序预训练（masked and permuted pre-training，MPNet）网络沿用了 XLNet 的自回归结构，同时为弥补 XLNet 无法捕捉全部序列位置信息的缺陷，添加了位置补偿。

GPT 和 BERT 都可以做小样本学习，与模型规模大小无关。BERT 可以作为生成模型使用，条件掩码语言模型可以实现生成任务微调，借助模式开发训练（Pattern-Exploiting Training，PET），BERT 在自然语言理解任务小样本上学习效果超过了GPT-3。GPT 也可以理解模型使用，借助 P-tuning（https://github.com/THUDM/P-tuning）自动构建模板，GPT 在自然语言理解任务上的效果超过了同等级别的 BERT

模型。阿尔贝托·罗梅洛(Alberto Romero)将对 GPT-3 的提示改进和标准化来生成特定的 GPT-3 来执行任务的提示编程称为"软件 3.0"编程范式。对于类似 GPT 的语言模型,过度过滤训练集会导致模型对大量下游任务的质量下降。尽管 GPT-3 在开放领域的小样本知识转移方面已经取得了较好成绩,但 GPT-3 在生物医学领域的小样本学习性能不如比它规模小的 BioBERT 模型。微调语言网络(Finetuned Language Net,FLAN)拥有 1370 亿个参数,通过指令调试(instruction tuning),在零样本学习 FLAN评测的 25 个自然语言处理任务中,有 19 个任务超越了零样本学习的 GPT-3。PaLM使用自洽性(self-consistency)策略后可以解答评估基准中 75% 数学问题,比 GPT-3 提长 20%。XLNet 也可以做文本生成任务。除了语言模型,GPT 和 BERT 都可以应用于预训练视觉模型:图像 GPT(image GPT,iGPT)、图像 BERT(image BERT pre-training with Online Tokenizer,iBOT)、BEiT、Point-BERT、LayoutBERT 等。

面向自然语言理解的多任务深度神经网络(Multi-Task Deep Neural Network,MT-DNN)将多任务学习(例如 Snorkel MeTaL)和语言模型预训练技术结合起来,将BERT 作为共享文本编码层,较低的层(即文本编码层)是所有任务共享的,而最上层是特定任务;与 BERT 模型类似,MT-DNN 可以通过微调适应特定任务;与 BERT 不同的是,MT-DNN 使用多任务学习,除了语言模型的预先训练外,还使用多任务目标(分类、回归、结构化预测)来学习文本表征。知识蒸馏改进多任务深度神经网络(Multi-Task Deep Neural Network via Knowledge Distillation,MTDNN-KD)对于每个任务训练一个表现优于任何单一模型的不同 MT-DNN(教师)的集合,然后通过任务间相关性来训练单个 MT-DNN(学生)从这些集合教师那里提取知识。MT-DNN 软件开发工具包使用对抗多任务学习范式,内置了对文本编码器(RNN、BERT、RoBERTa、UniLM)、鲁棒和迁移学习、多任务知识蒸馏的支持。多任务学习明显优于单任务解决方案。为多任务的每个任务微调单独的 BERT 模型,使用投影注意力层(Projected Attention Layer,PAL)共享单个 BERT 模型和少量额外的特定任务参数;对 BERT 进行多任务微调,单任务模型教授多任务模型。应用于小米人工智能助手小爱的话语理解系统的基于 BERT 的灵活多任务框架的做法是,先部分微调并独立训练一个单任务模型,然后使用知识蒸馏压缩每个单任务模型中的特定任务层,这些压缩的 ST 模型最终合并为一个多任务模型,以便在任务之间共享前者的冻结层。

去噪自编码器预训练(Pre-Training of Denoising Autoencoder,PoDA)模型是一个序列输入到序列输出(sequence-to-sequence,seq2seq,简称"序列到序列")模型,通过把被噪声破坏的文本去噪、使用 Transformer 和指针生成网络(pointer-generator network)组合对编码器和解码器进行共同预训练(与 BERT 只用编码器和 GPT 只用解码器不同),在随后的微调阶段保持网络结构不变;实验结果表明,不使用任何特定任务技术的情况下可提高强基线下的模型性能,并显著加快收敛速度。掩码序列输入到序列输出(MAsked Sequence to Sequence,MASS)模型使用 Transformer 编码器和解码器以及序列到序列学习框架,在自然语言生成任务上获得业界最佳。文本输入到文本输出迁移变换器(text-to-text transfer transformer,T5)根据自注意力机制中的

"key"和"query"之间的偏移量生成不同的学习相对位置嵌入,获得了比 BERT 好的效果。T5-Base 和 T5-Large 是相对低效的,减少 50% 参数的缩放后的 T5 获得了相近的下游微调质量,且训练速度提高 40%。字节级 T5(Byte-level T5,ByT5)是直接对原始文本(字节或字符)进行操作的无分词标记模型,可以开箱即用地处理任何语言的文本,对噪声更加鲁棒,并且通过消除复杂和错误来最大限度地减少技术债务,易于传统的文本预处理管道。ExT5 在跨领域、跨任务(107 个任务)的大规模数据集极限混合(extreme mixture,ExMix)使用自监督跨度去噪和监督多任务目标进行预训练,结果表明多任务扩展可以极大地改进模型。双向和自回归转化器(Bidirectional and Auto-Regressive Transformer,BART)是采用序列到序列模型构建的去噪自编码器,通过随机改变原始句子的排列顺序并使用新的填充方案(其中文本被单个掩码标记替换)能获得最佳性能;预训练有两个阶段,先使用任意的噪声功能对文本进行加噪,再学习序列到序列模型以重建原始文本;可以看作是 BERT(双向编码器)、GPT(从左至右解码器)以及许多其他预训练方案的扩展。BART 和 T5 模型的神经表征与动态语义的语言模型具有功能相似性,部分支持受到含义的动态表征和实体状态的隐式模拟。先知网络(ProphetNet)采用 n 元为自我监督目标和 n 流自注意力机制,与传统的序列到序列模型中一步预测不同,先知网络优化方法是 n 步预测。对掩码率具有均匀先验分布的概率掩码语言模型(Probabilistically Masked Language Model with a uniform prior distribution on the masking ratio,u-PMLM)结合掩码和自回归是两类语言模型,支持以任意顺序、高质量生成文本。

跨度表征和预测的 BERT 预训练改进(SpanBERT)模型使用固定长度文本的跨度表征(span representation),不再对随机的单个分词标记掩码,而是对连续的随机跨度掩码;增加跨度边界目标(Span Boundary Objective,SBO)来预测隐藏跨度的整个内容,获得了与 XLNet 相近的效果。结构 BERT(Struct BERT)的合并建模目标函数是词结构目标和句子结构目标的线性组合。分段感知 BERT(Segment-aware BERT,SegaBERT)通过将 Transformer 的标记位置嵌入替换为段落索引、句子索引和标记索引嵌入的组合,获得了优于 BERT 的实验结果。字符感知 BERT(Character-aware BERT,CharBERT)从连续的字符表征形式构造嵌入每个标记的上下文词,然后通过一个新的异构交互模块融合字符表征形式和子词表征形式,还提出了一种新的无监督字符表征学习的预训练任务噪声语言模型(Noisy Language Model,NLM)。CharacterBERT 使用 Character-CNN 模块代替查询字符来表征整个单词。统一位置编码(Transformer with Untied Positional Encoding,TUPE)模型只使用词嵌入作为输入,通过不同的参数分别计算单词上下文相关性和位置相关性,然后相加;使用不同的投影矩阵来表征单词和位置之间的关系消除了输入中可能带来随机性的异构嵌入的添加。跨思维(cross-thought)模型自动选取周边相关句子表征来预测当前句子的分词标记。

隐藏表征提取器 RoBERTa(HIdden REpresentation extractor-RoBERTa,HIRE-RoBERTa)模型使用相同的两层双向门控循环单元(Bidirectional Gated Recurrent

Unit，BiGRU)对 Transformer 编码器的每个隐藏层状态求和，捕获上一层的输出无法捕获的补充信息。注意力分离的解码器增强 BERT(Decoding enhanced BERT with discentangled attention，DeBERTa)模型用一种分离的注意机制来进行自我注意，并将 BERT 的输出层替换为增强掩码解码器，表现优于 RoBERTa 和 BERT。

互信息词表征(INFOWORD)是一个基于最大化互信息(mutual information)的理论框架来理解词表征学习模型，互信息是度量两个随机变量之间依赖程度的标准，针对信息噪声对比估计(Information Noise-Contrastive Estimation，InfoNCE)和深度信息最大化(Deep Infomax，DIM)两个不同目标函数产生 BERT NCE 和 INFOWORD 两个模型，在阅读理解问答数据集上检测后者效果更佳；互信息最大化句子嵌入 IS-BERT 是类似的。BERT 启发的有意义片段学习通用表征(BERT-Inspired Universal Representation from learning meaningful segment，BURT)根据逐点互信息来分段掩码，获得各种不同长度序列的通用表征。

有效地学习能准确地分类分词替换的编码器(或厄勒克特拉)(Efficiently Learning an Encoder that Classifies Token Replacements Accurately，ELECTRA)模型使用替换分词检测(replaced token detection)和替换跨度检测(replaced span detection)的对比学习(contrastive learning)方法，训练速度比 BERT 快，但是在一个自建的同义词常识知识问答对抗数据集上表现很差；ELECTRA 受益于最先进的超参数搜索。基于 Transformer 对比自监督编码器(Contrastive self-supervised Encoder Representations from Transformer，CERT)模型使用对比的自监督学习在句子层次上预训练语言表征，可以很好地捕捉句子级语义。对比学习句子表征(Contrastive Learning for sentence representation，CLEAR)使用句子增强策略有删除词和跨度、重新排序以及替换等，在 GLUE 的评测分数高于 BERT 和 RoBERTa。对比位置和顺序的句间目标(CONtrastive Position and Ordering with Negatives Objective，CONPONO)篇章级表征模型优于 $BERT_{LARGE}$；不重排句子(sentence unsuffling)的句子级语言模型比 CONPONO 模型效果更好。对比学习-数据高效的自监督(Contrastive Learning-data Efficient Self-Supervision，CLESS)模型关注预训练数据效率、零样本和小样本标签效率、长尾泛化性，用 60MB 任务内文本数据预训练效果优于用 160GB 任务外文本预训练 RoBERTa 模型，同时预训练和微调时间仅占 RoBERTa 微调时间的 1/5。纠正和对比文本序列预训练语言模型(COrrecting and COntrasting text sequences for Language Model pretraining，COCO-LM)有两个建模目标纠正语言模型和序列对比学习，在 GLUE 的评测分数高于 ELECTRA 和 RoBERTa。简单对比学习句子嵌入 BERT(Simple Contrastive learning of Sentence Embeddings BERT，SimCSE-BERT)在语义文本相似度(Semantic Textual Similarity，STS)评估上超越了互信息最大化句子嵌入 IS-BERT，SimCSE-RoBERTa 超越了 SRoBERTa。交叉熵损失(cross-entropy loss)的几个缺点可能导致次优泛化和不稳定性，监督对比学习损失在小样本学习设置中的 GLUE 基准测试的多个数据集上获得了对强大的 RoBERTa-

Large 的显著改进，而无需专门架构、数据扩增、存储库或额外的无监督数据。ConSERT 采用对比学习以无监督和有效的方式微调 BERT，用于自监督句子表征迁移。对比学习和数据扩增的文档嵌入（Document Embedding via Contrastive Augmentation，DECA）可以生成高质量的嵌入并使各种下游任务受益。对比和半监督微调预训练语言模型（Contrastive framework for Semi-Supervised fine-tuning of pre-trained Language Models，CSS-LM）获得比 BERT 和 RoBERTa 更好的效果。理顺对比学习（disentangled contrastive learning）方法可以减少模型崩塌的风险，并学习到鲁棒的文本表征。对比学习可提高各种自然语言处理任务的性能。SimCTG 是一种用于校准语言模型的表征空间的对比训练目标，同时保持生成文本的连贯性。作为一种极其简单、快速和有效的对比学习技术，Mirror-BERT 可以在不到一分钟的时间内将 BERT 和 RoBERTa 转换成高效通用词汇和句子编码器，而无需任何额外的外部知识。LV-BERT 模型利用层多样性来改进预训练模型——层类型集和层顺序——除了原始的自注意力和前馈层之外，将卷积引入层类型集中，实验发现这对预训练模型有益，GLUE 测试集上比强基线模型 ELECTRA-small 高。在自注意机制中增加查询、键和相对位置嵌入之间的交互可以提高准确率；通过多种将卷积集成到自注意力形成复合注意力，用相对位置嵌入替代绝对位置嵌入，提高多个下游任务的性能。

动态卷积 BERT（BERT with span-based dynamic Convolution，ConvBERT）基础（BASE）模型在英文通用语言理解评测（General Language Understanding Evaluation，GLUE）上获得 86.4 分，比 $ELECTRA_{BASE}$ 高 0.7 分。元控制器 BERT（Meta Controller BERT，MC-BERT）与 ELECTRA 的不同是使用元学习控制器管理生成器训练，学习到更多的语义信息。

清华大学计算机科学与技术系 2018 级博士研究生丁铭基于 BERT 和图神经网络（Graph Neural Network，GNN）的实现有效地处理了多跳问答（multi-hop question answering）。GPT-GNN 通过生成式预训练来初始化图神经网络，引入了自监督属性图生成任务来预训练图神经网络，以便它可以捕获图的结构和语义属性。哈尔滨工业大学社会计算与信息检索研究中心的覃立波等分析了深度共同注意力机制互动关系网络与 BERT 预训练模型结合对话行为识别和情感分类任务的效果，后又发现共同互动图注意力网络（Co-interactive Graph Attention network，Co-GAT）与预训练模型（BERT、RoBERTa、XLNet）结合也是有益的。黎柏霆等提出的 BERT-GT 模型使用图变换器网络（Graph Transformer Network，GTN）的邻近注意力机制（neighbor-attention mechanism），仅利用邻近分词标记来计算注意力，在跨句子或摘要级关系提取任务中得到验证。BERT 图卷积网络（BERT Graph Convolutional Network，BertGCN）模型在数据集上构建异构图，并使用 BERT 表征法将文档表示为节点，通过图卷积传播标签影响力共同学习训练数据和未标记测试数据的表示形式，实现直推式文本分类。BERT 与图神经网络结合的特定任务模型详见 1.4.2 节，预训练语言模型的演进如表 1.1 所示。

表 1.1　预训练语言模型的演进

年份	模型名称	骨干网络架构	建模目标	语言表征	主要特点（优缺点）
2013	word2vec	单个隐含层			共现频数统计,窗口
2014	GloVe	非神经网络		单向词表征	长度不可变,上下文
2014	fastText	单个隐含层			语境无感
2016	context2vec	BiLSTM		从左到右或从右到左	长度可变
2017	CoVe	LSTM	自回归	两个单向词表征的	2 层 LSTM
2018	ELMo	BiLSTM		拼接	2 个高速通路
2018	ULMFit	LSTM			3 层 LSTM
2018	GPT			从左到右的单向词	大规模参数,从左到
2019	GPT-2	Transformer 解码器		表征	右逐个词预测文本
2020	GPT-3				生成
2018	BERT	Transformer 编码器	掩码＋前后句	双向词表征	标杆基准
2019	MT-DNN	词典编码器＋Transformer 编码器	多任务＋掩码	双向句子表征,单句/成对分类、相似度	使用更少的域内标注数据
2019	XLNet	Transformer-XL（编码器）	乱序	双向词表征	双流自注意力
2020	MPNet				位置补偿
2019	PoDA	Transformer＋指针生成网络	去噪		文本生成任务
2019	MASS		掩码	序列表征（seq2seq）	单向/双向
2019	T5	Transformer	掩码		大规模参数
2019	BART		去噪		扩展
2020	ProphetNet	Transformer	掩码	序列表征 n 元预测	多流自注意力
2020	u-PMLM	Transformer	掩码	句子表征	等价于乱序
2019	SpanBERT	Transformer 编码器	掩码	跨度表征	跨度边界掩码
2019	StructBERT	Transformer 编码器	掩码＋句结构	词结构	利用语言结构
2019	StructBERT	Transformer 编码器	掩码＋句结构预测	词结构	利用语言结构
2020	SegaBERT	Transformer 编码器	噪声	分段表征	长文本序列
2020	CharBERT	Transformer 编码器	噪声	字符表征	解决子词缺点
2020	TUPE	Transformer	掩码	双向词表征	
2019	HIRE-RoBERTa	Transformer 编码器	掩码	双向词表征	增加隐藏表征提取器

续表

年份	模型名称	骨干网络架构	建模目标	语言表征	主要特点 （优缺点）
2020	DeBERTa	Transformer 编码器	掩码	双向词表征	增强的解码器
2019	INFOWORD	Transformer 编码器	对比	双向词表征	对比＋掩码
2020	ELECTRA	Transformer 编码器	对比		自回归
2020	CERT	Transformer 编码器	对比	句子表征	捕捉句子语义
2020	Cross-Thought	Transformer 编码器	掩码	句子表征	句子编码器
2019	TD-GAT-BERT	Transformer 编码器	掩码	句子表征	
2021	BERT-GT	Graph Transformer	掩码	句子表征	图关系
2019	UNILM	Transformer	掩码	单向、双向和序列预测	理解＋生成
2020	UNILMv2	Transformer	掩码	自编码器＋部分自回归	理解＋生成
2020	PALM	Transformer	掩码	自编码＋自回归	理解＋生成
2021	PLUG	Transformer	掩码	自编码＋自回归	270 亿参数

最后，自编码器和自回归联合建模。统一预训练语言模型（UNIfied pre-trained Language Model，UNILM）通过对单向、双向和序列预测 3 种类型的预训练，达到既可以微调自然语言理解，也可以微调自然语言生成任务的目的。UNILMv2 提出以自编码器和部分自回归语言建模目标的伪掩码语言模型（Pseudo-Masked Language Model，PMLM）。MASS、UNILM 和 UNILMv2 模型都是通过增加自回归生成为建模目标，使 BERT 可以执行自然语言生成任务。大规模语言变分自编码器（Variational AutoEncoder，VAE）模型擎天柱（Optimus），既可以成为强大的生成模型，又可以成为自然语言的有效表征学习框架模型，在大型文本语料库上预训练句子级通用潜在嵌入空间，然后进行微调以适应各种语言生成和理解任务。此外，还有预训练自编码和自回归语言模型（Pre-training an Autoencoding & Autoregressive Language Model，PALM）、中文预训练语言理解和生成模型（Pre-training for Language Understanding and Generation，PLUG）。统一语言模型（General Language Model，GLM）在 SuperGLUE 自然语言理解基准上的表现明显优于 BERT。混合降噪器（Mixture-of-Denoisers，MoD）将各种预训练范式的预训练目标结合在一起，模式切换（mode switching）把下游微调与特定的预训练方案相关联，构成了统一预训练语言学习范式（Unifying Language Learning Paradigms，UL2）。

长序列蕴含更多的语义信息,以上基于 Transformer 的 BERT 样式模型的时间复杂度是序列长度的平方,不能有效处理长序列;而"X-former"形式的高效 Transformer 模型可以解决长序列问题:预训练长文档变换器(Longformer)在长文档任务上始终超过 RoBERTa;大鸟(Big Bird or BIGBIRD)模型采用稀疏注意力机制,将时间复杂度从二次方依赖降至线性,在 4096 字节的更长序列上取得更好的性能;漏斗变换器(Funnel-Transformer)使用池化操作压缩序列长度,从而节约高层的参数量,同时保持模型最后的输出可以和原序列长度一致,相当于压缩了整个模型的中间部分,而保持开始和结束层的长度不变,在句子级别的任务上取得很好的效果;残差注意力层变换器(residual attention layer Transformer network,RealFormer)将残差结构运用到注意力层,使得模型对训练超参更具鲁棒性的同时,保证模型性能的提升;预训练 RoFormer 能处理任意长度的序列,在中文数据集上的准确率优于 BERT 和 WoBERT;将 BERT 的标准注意力替换为 Nyströmformer,在掩码语言模型和下游任务微调上的效果更佳;预训练(switch transformers)作为稀疏模型在速度-精度帕累托曲线上的表现优于稠密模型,预训练速度是 T5-Base 和 T5-Large 模型的 7 倍、T5-XXL 模型的 4 倍;FNet 用标准的傅里叶变换替换 Transformer 编码器中的自注意力子层,提高了 BERT 模型的训练速度,降低了内存占用空间。以上影响预训练语言模型发展走向的、具有里程碑意义的标志性模型被整理成了"插图 2　预训练语言模型的发展脉络(2006—2022 年)"。

1.4.2　基于 BERTology 扩展的预训练模型

自 BERT 模型公开发表以来,基于 BERT 学(BERTology)扩展的预训练和后训练模型不断地涌现,在调优、压缩、知识增强、语义感知、特定语种(language-specific)、多语种和跨语种(multilingual and cross-lingual)、多模态和跨模态(multi-modal and cross-modal)、特定任务(task-specific)、特定领域(domain-specific)、鲁棒、安全、融合模型等十二个方面扩展出了许多对于 ULMFit、GPT、BERT、T5 等样式模型、变种模型、优化模型和应用模型。BERT 奠定了基于变换器架构语义表征的基本框架的地位,本节的一系列模型主要是改造的 BERT 样式的预训练模型(BERT-style pre trained model),可以先查看"插图 3　基于 BERTology 扩展的预训练模型"一览全貌后,再阅读下文。

第一,BERT 训练的计算开销很大,因此需要模型调优,使其在可支持的范围内增大算力,有六个不同方向:减少(或精调)参数量、添加(模块)参数量、分布式并行优化、训练方法优化、调试方法优化、正则化技术。强力优化的 BERT 预训练方法(Robustly optimized BERT pretraining approach,RoBERTa)对 BERT 的关键超参数和训练数据大小进行了精细化调参;对于 RoBERTa 的预训练,增加模型的宽度和深度都会导致更快的训练,首先增加模型大小,而不是批量大小,然后使用量化和剪枝两种方法压缩 RoBERTa 都可以减少推理延迟和存储模型权重的内存需求。分层适应大批量

(Layerwise Adaptive Large Batch,LAMB)优化器可以使 BERT 训练时间从 3 天缩减到 76 分钟。堆叠 BERT(Stacking BERT)提出采用叠加法来有效加速 BERT 训练；逐步堆叠（progressively stacking）2.0——多阶段逐层预训练（Multi-Stage Layerwise Training,MSLT)可以提高 BERT 训练速度 110% 以上。粗化-细化训练框架（Coarse-Refined training framework,CoRe）可以在不减低性能的情况下使 BERT 提速。EarlyBERT 将变压器中全连接子层的注意头与中间层关联起来，用高效计算算法解决过参数化问题，减少 35%～45% 训练时间。超参数优化方法可以在搜索空间和时间预算中使用更合适的设置，通过软件优化、设计选择和超参数调整组合优化后的 BERT$_{LARGE}$ 仅用 8 个显存容量 12GB 的 GPU 在 24 小时内完成预训。最大更新参数化（maximal update parametrization,μP）在训练损失方面唯一地保留了跨不同宽度模型的最佳超参数组合，使用 P 中的相对注意力规则对 GPT-3 的一个版本进行参数化后，它的性能优于 GPT-3 论文中相同大小的模型（绝对注意力）、与参数数量翻倍的模型相当。适配器 BERT 网络（Adapt-BERT networks,AB-Net）通过引入简单、轻量级的适配器模块对编码器和解码器进行微调，适配器模块插入 BERT 层之间并在特定任务的数据集上进行调优，可以有效地将 BERT 整合到序列到序列模型和相应的文本生成任务中。统一大小写（Unified Case,UniCase）模型对 RoBERTa 语言模型进行了简单的架构修改，并提出了一种新的分词标记策略，将关于大小写的信息分解成一个单独的组件来处理，在几乎所有测试任务上都优于 RoBERTa。GroupBERT 添加了一个卷积模块来补充自注意力模块，依靠分组变换来降低密集前馈层和卷积的计算成本，同时保持 BERT 模型的表达能力，并提高了浮点运算和训练时间方面的效率。阿里云擎天（Perseus）云加速框架优化版 BERT——Perseus-BERT 用 10 台 4 卡 P100 只需要 2.5 天即可训练完成业务模型，在云上一台 V100 8 卡实例上，只需 4 天不到即可训练一份 BERT 模型。威震天语言模型（Megatron-LM）实现了一种简单、有效的层内模型并行方法，使训练具有数十亿参数的 Transformer 模型成为可能。使用 Megatron-LM 的方法并行训练出的大模型有 Megatron-BERT（或 Megatron-LM Bert）、Megatron-GPT2（或 Megatron-LM GPT2）、Megatron GPT-3（或 Megatron-LM GPT-3）。零冗余优化器（Zero Redundancy optimizer,ZeRO）是一种用于大规模分布式深度学习的新型内存优化技术，可以训练 130 亿参数模型。轻内存模型降阶策略降低 BERT、RoBERTa 和 XLNet 模型内存消耗高达 40%。EdgeBERT 采用基于熵的早期退出预测，以便在句子粒度上执行动态电压频率缩放，以在遵守规定的目标延迟的同时将能耗降至最低，通过采用自适应注意力跨度、选择性网络修剪和浮点量化的校准组合，减轻了计算和内存占用开销，方便部署到边缘平台。微软开源工具库 DeepSpeed 通过与 PyTorch 兼容的轻量级 API 带来了最先进的训练技术，例如，ZeRO、优化内核、分布式训练、混合精度和检查点。ZeRO-Offload 异构深度学习训练技术通过将数据和计算卸载至 CPU、减少 GPU 内存占用的方法提供了更高的训练吞吐量，可以实现在单个 GPU 上训练拥有 130 亿参数的大规模模型。稀疏门控混合专家层（sparsely-gated mixture-of-experts layer,MoE)方法可以在模型计算量不显著增加的前提下训练大规模模型,MoE 结构已经被包括 1.6 万亿参数的 Switch Transformer(Switch-C)、1980 亿参数的 CPM-2-MoE、2690 亿参数的 ST-MoE-32MB 在内的多个(超)大规模预训练模型证明有效。FastMoE 通过替换基于 PyTorch 深度神经网络代码中的并行加速器模块实现分布式大规模混合专家预训练模型的训练,提供了灵活的模型设计和对不同应用轻松适应的分层接口。MoEfication 通过基于稀疏发放(sparse activation)现象的条件计算来加速大模型推理。后训练量化(post-training quantization,PTQ)提出了模块化量化误差最小化方案和一种新的模型并行训练策略,可以解决训练缓慢、内存开销大和数据安全等问题。Colossal-AI 无缝集成了不同范式的并行化技术,包括数据并行、管道并行、多张量并行、序列并行和推理加速(Energon-AI)等。Pathways 架构采用异步分布式分片数据流并行训练模型,实现只开发一个模型就可以泛化地处理数百万个不同任务,引领下一代人工智能架构的发展。PaLM 是基于 Pathways 架构系统训练出的第一个大型语言模型。模式开发训练(Pattern-Exploiting Training,PET)是一种利用模式进行小样本学习的最新方法,但是 PET 需要使用特定任务的未标注数据;自动标签 PET(PET with Automatic Labels,PETAL)通过将标签自动映射到单词映射充实了 PET 的能力;密集监督的模式利用训练方法(A Densely-supervised Approach to Pattern-Exploiting Training,ADAPET)着重于没有任何未标注数据的小样本学习,修改了PET 目标,以便在微调过程中提供更密集的监督,在 SuperGLUE 上的表现优于 PET。检索增强型变换器(retrieval-enhanced Transformer,RETRO)在检索数据库的帮助下增加了输入序列,可以减少训练数据记忆量来加速训练,再生成输出预测,获得了与 GPT-3 相当的性能,但参数量仅为 GPT-3 的 4%。适配器模块(adapter module)对每个任务只需要添加几个可训练的参数,产生高度的参数共享,比微调更高效。与对称相同填充的高斯模糊一起挤压和激励的 BERT(Squeeze and excitation alongside Gaussian blurring with symmetrically same padding,SesameBERT)模型是一种广义微调方法,弥补了 BERT 在进行微调时忽略了层之间的信息。TANDA 高效微调技术可以生成更稳定、更稳健的模型,减少了选择最佳超参数所需的工作量。仅优化最敏感的层和学习稀疏预训练参数两种技术在生成高效的微调网络以执行理解任务方面非常有效。同向批量归一(IsoBN)微调 BERT 将 BERT 评估平均分提升 1%。基于信任区域理论的微调方法可以减少表征坍塌。高效参数多任务微调方法在预训练语言模型的层之间引入适配器模块,且模块可以使用共享超网络生成所有层和任务的适配器参数,从而能够通过超网络跨任务共享知识,同时使模型能够通过特定于任务的适配器适应每个单独任务。同调(co-tuning,或译为协同调试)是由类别关系对应的目标标签(独热标签)和源标签(概率标签)共同监督微调过程,不必像微调那样丢弃特定任务的参数,且适用于中等规模和大规模数据集。自调(self-tuning,或译为自调试)通过统一对已标注和未标注数据的探索和预训练模型的迁移,实现数据高效的深度学习,效果超越了微调和同调。预微调(pre-finetuning)在许多任务(句子预测、常识推理、阅读理解等)上持续提高预训练判别器(例如 RoBERTa)和生成模型(例如 BART)的性能,同时还可以显著提高微调过程中的样本效率。前缀调试（prefix-tuning）冻结语言模型参数，优化一个小的连续任务特定向量（称为前缀）。自动冻结（AutoFreeze）方法可以适配选择哪个层进行训练，在保持准确度的同时加速模型微调。低秩适应（Low-Rank Adaptation，LoRA）冻结预训练模型权重，并将可训练的秩分解矩阵注入到变换器架构的每一层，大大减少了下游任务的可训练参数的数量。Compacter 通过建立在适配器、低秩优化和参数化的思想之上超复杂乘法层微调使大规模语言模型在任务性能和训练参数数量比之前的更多。元学习可以在训练阶段提升性能，也可以在微调阶段提升性能，元微调（meta fine-tuning）仅从各个领域的典型实例中学习以获得高度可转移的知识，使模型可以针对每个域进行微调，具有更好的参数初始化和更高的泛化能力。元调（meta-tuning）可以训练模型以专门回答提示，优于未见任务（unseen task）大多数同规模的问答格式标签。文本蕴涵小样本学习器（Entailment as Few-shot Learner，EFL）方法将标签描述转换为输入句子并重新制定将原始分类/回归任务作为蕴涵任务。对比微调（contrastive fine-tuning）在微调期间将比较表示空间中数据点对比损失与标准排名损失相结合，提高神经排名器鲁棒性。快速自训练（Lite Self-Training，LiST）可以快速微调模型并显著提高模型在小样本场景下的性能。自训练小样本学习器（Self-training for Few-shot learning of Language Model，SFLM）在弱增强样本上生成伪标签，使用强增强样本进行微调时预测相同标签，超越了此前的业界最佳。类似地，还可以采用多任务教师-学生框架。子调（ChildTuning）通过在反向传播计算梯度过程中策略性地屏蔽非子网络的梯度，更新大型预训练模型的一个子集参数（称为子网络）。在不同下游任务中，相比于最原始的微调有明显提高。增量调试（delta tuning）仅仅是微调模型参数的一小部分，而其余部分保持不变，大大降低了计算和存储成本。元学习设置假定可以访问许多其他任务中的数据，迁移学习和多任务学习假定访问与数据有限的任务直接相关的数据，数据扩增技术假定存在一种可行的方法可以从有限的数据中创建更多数据，对于没有样本进行微调的真正小样本学习，模型选择是一个主要障碍。数据集分解为推理类别（Decomposing datasets into Reasoning CAtegories，DReCA）作为一种简单的通用任务增强策略带来了自然语言推断小样本问题的持续改进。自动生成提示（AutoPrompt）基于梯度引导搜索为各种任务自动创建提示，随着预训练语言模型变得更加复杂和强大，有可能替代微调。反向提示（inverse prompting）利用生成的文本对提示进行逆向预测，增强了提示与生成文本的相关性，提供了更好的可控性。纯监督微调时，根据样本提供顺序的熵统计信息确定提示，将 GPT 系列模型平均提升了13%。更好的小样本微调语言模型（Better Few-shot Fine-tuning of Language Models，LM-BFF）使用提示生成（prompt generation）微调并动态选择任务训练样本作为输入，准确率最多增加 30%（平均 11%）。提示调试（prompt tuning）用于学习"软提示"以调节冻结语言模型以执行特定的下游任务；带规则的提示调试（Prompt Tuning with Rules，PTR）将文本多分类中每个类别的先验知识编码即时调整，并应用逻辑规则来构建具有多个子提示的提示。估计答案偏差并拟合校准参数可以改善提示格式（prompt format）的不稳定性，显著提高 GPT-3 和 GPT-2 的平均准确度（绝对提升最高

30.0%）。小样本提示编程（prompt programming）方法编码已学习的任务，而不是元学习，促进了提示在控制和评估功能强大的语言模型中的作用。基于提示的微调BitFit 仅对预训练 BERT 模型的偏差项（或偏差项的子集）进行微调，比对整个模型进行微调更优；既可以健壮地给出不同选择的提示，又可以提高内存效率。解释增强BERT（ExpBERT）使用 BERT 对多项自然语言推理数据集进行微调，以生成解释输入上的每种解释的特征；然后使用这些特性来增强输入表征。ParaPattern 可以可靠地生成逻辑组合和自然语言语句的转换，通过微调以最少的手动操作预训练的序列到序列语言通过三步生成的数据模型句法检索、模板扩展和自动释义。CrossFit 标准化已见/未见生成任务拆分设置提升跨任务小样本学习能力。上下文优化（Context Optimization，CoOp）通过提示生成的连续文本向量可以直接代替固定的离散标签，而预训练模型参数保持不变，可以有效地将视觉语言预训练模型转变为数据高效的视觉学习器。知识提示调试（knowledgeable prompt-tuning，KPT）使用外部知识库来扩展标签词空间，再使用扩展的标签词空间进行预测。指令调试（instruction tuning or instruction-tuning）通过使用监督学习来教会语言模型执行指令描述的任务，语言模型学会遵循指令后对未见任务也可以同样执行，使用该方法的微调语言网络（finetuned language net，FLAN）超越了零样本学习的 GPT-3。综合指令（comprehensive instruction，CINS）基于 ToD 和 T5 模型在意图分类、对话状态跟踪和自然语言生成等三个下游任务的少样本学习方面显示出了可喜的结果。InstructGPT 使用人类反馈的强化学习方法、利用人类的偏好作为奖励信号对 GPT-3 进行微调，让 GPT-3 的行为与特定人群（提示的标注者）的既定偏好保持一致，使 GPT-3 模型更"听话"。这个模型比GPT-3 小了 100 多倍，仅有 13 亿个参数。文本合成的多模态适应（Multimodal Adaptation for Text Synthesis，MAnTiS）通过特定于模态的编码器传递来自每个模态的输入，投影到文本标记空间，最后加入以形成条件前缀，使用引导生成的条件前缀微调预训练语言模型和编码器。正则化提示微调（Regularized Prompt-based Finetuning，rFT）添加保留预训练权重的正则化能有效地减轻微调对在预训练期间学习到的有用知识的破坏。可区分的提示符（Differentiable Prompt，DART）通过反向传播对提示符模板和目标标签进行差异化优化和增强小规模语言模型的小样本学习能力。预训练提示调试（Pre-trained Prompt Tuning，PPT）将相似的分类任务制定成统一的任务形式，并为下游任务调试已预训练的软提示，从而提升了小样本学习下的模型性能。跨模态彩色提示调试（Colorful Prompt Tuning，CPT）以涂色的方式建立视觉子提示，通过基于颜色的共指法将视觉基础重新表述为填空问题，改进了预训练视觉语言模型整体的输出效果。T0 通过多任务提示训练（Multitask Prompted Training）将任何自然语言任务映射为人类可读的提示形式，获得了强大的零样本学习和执行完全未见任务的能力。P-Tuning v2 将只对大模型有效的 P-Tuning 的适用范围扩展至小模型，是前缀调试（prefix-tuning）的一个优化版本，更适用于自然语言理解。本征提示调试（Intrinsic Prompt Tuning，IPT）将每个下游任务的软提示分解为同一个低维非线性内在任务子空间。多阶段提示（Multi-Stage Prompting，MSP）将使用预训练模型进行翻译的过程分解为三个独立的阶段：编码阶段、再编码阶段、解码阶段，在每个阶段独立地采用连续型提示来使得预训练模型能够更好地转移到翻译任务上。软提示迁移（Soft Prompt Transfer，SPoT）使用一个或多个源任务的提示来初始化目标任务的提示，显著提高了提示调试在许多任务中的性能。零提示（ZeroPrompt）采用专注于任务扩展（Task Scaling）和零样本提示（Zero-Shot Prompting）的多任务预训练方法，使用10个不同领域的1000多个中文任务数据集，并将其划分为训练集和测试集。在进行评估后发现，模型大小对绝大多数任务的性能影响很小。黑盒提示学习（Black-Box Prompt Learning）可以从预训练语料库中学到的知识实现预训练模型的性能提升。刘鹏飞等人对基于提示的学习进行了系统化综述，何君贤等人揭示了参数高效迁移学习方法成功的原因。思维提示链（Chain of Thought Prompting）通过生成一系列短句来模仿人在解决推理任务时可能采用的推理过程，与 PaLM 模型结合后，在需要多步骤算术或常识推理的推理任务上展示出了突破性的能力。涌现数据高效终身预训练（Efficient Lifelong pre-training for Emerging Data，ELLE）预植领域提示词让模型能够更好地区分预训练期间学到的通用知识，正确地激发下游任务的知识。原型表达器（ProtoVerb）通过对比学习将原型向量作为表达器来学习，这样原型归纳了训练实例并且能够包含丰富的类级语义，实现了不同特定领域的提示。判别提示调试（Discriminative Prompt Tuning，DPT）用于 ELECTRA 等判别式预训练语言模型，比传统微调方法取得了明显更高的性能。强化学习算法应用于微调的语言模型可以作为小样本学习的文本世界的具体化推理理解（Building Understanding in Textworld via Language for Embodied Reasoning，BUTLER）代理，比现实环境和指令的行动学习文本世界（ALFWorld）方法有所提高。在机器翻译微调中采用渐近蒸馏、动态开关门、学习步长调整策略可以避免灾难性遗忘。完全探索掩码语言模型（fully-explored masked language model）通过量化梯度方差获得的梯度具有较小的方差，替代大方差的随机采样掩码。释放梯度提升决策树（Free Gradient Boosting Decision Tree，FreeGBDT）在微调期间计算的特征上拟合梯度提升决策树头，在自然语言推理数据集上可以提高性能，而无需神经网络进行额外的计算。经微调优化后登上 GLUE 或 SuperGLUE 榜单的预训练语言模型有 MacALBERT＋DKM、StructBERT＋TAPT、StructBERT＋CLEVER、ALBERT＋DAAF＋NAS、PAI Albert、RoBERTa＋iCETS、RoBERTa-mtl-adv、DeBERTa＋CLEVER、Frozen T5＋SpoT、T5＋UDG、Vega v1 等。平滑感应的对抗正则化（SMoothness-inducing Adversarial Regularization，SMART）用于对预训练语言模型进行稳健有效的微调，可以有效管理模型的容量。使用 mixout 正则化技术在下游任务上对 BERT 进行正则化微调，微调的稳定性和平均准确度大大提高。标准微调会降低预训练期间获得的通用域表征，域对抗微调有效正则化器（domain Adversarial Fine-Tuning as an Effective Regularizer，AFTER）可以提高性能。逐层噪声稳定性正则化（Layer-wise Noise Stability Regularization，LNSR）效果优于 SMART 和 mixout。统一丢弃（UniDrop）将三种不同的 dropout 技术从细粒度到粗粒度结合起来，即特征丢弃、结构丢弃和数据丢弃，从正则化的角度发挥了不同的作用，可以使分类准确度更高。丢弃正则化(R-Drop)策略降低了模型参数的自由度,应用于微调大规模预训练模型产生了实质性的改进。

第二,BERT 的效果好,但是模型太大且速度慢,因此需要有一些模型压缩的方法来提升训练速度,达到较高性价比,或是满足延迟响应要求苛刻的工业场景;BERT 瘦身思路包括:蒸馏(distillation)、剪枝(pruning)、参数精简(parameter reduction)、量化(quantization)、自适应(self adaption)、模块替换(module replacing)、降维(dimension reduction)7 种。唐(Tang)等最早将 $BERT_{LARGE}$ 蒸馏到了单层 BiLSTM 中,此后 MKDM、MKD、mMiniBERT、BERT-PKD、TinyBERT、MobileBERT、DistilBERT、WaLDORf、MiniLM、MiniLMv2、FastBERT、DynaBERT、XtremeDistil、TernaryBERT、DiPair、BERT-EMD、LightPAFF、Bort、MixKD、LRC-BERT、抽取后蒸馏(Extract Then Distill,ETD)、pQRNN、Meta-KD、MetaDistil、MergeDistill、LightMBERT、RoSearch、RefBERT 等都是用模型蒸馏的方法对 BERT 进行压缩,遗传算法自动搜索最优层映射可以改进 BERT 蒸馏,简化的 TinyBERT 在文档排名任务比 BERT 速度快 15 倍、BERT2DNN 在电子商务搜索的延迟比 $BERT_{BASE}$ 低 150 倍、TinyBERT 应用于普通话文本转语音系统,知识蒸馏的掩码文本对抗训练(Masked Adversarial TExt,a companion to Knowledge Distillation,MATE-KD)算法可以提高知识蒸馏的性能。LayerDrop、贪婪算法剪枝、结构剪枝(structured pruning)、再加权近端剪枝(reweighted proximal pruning)、compressing BERT、元剪枝(meta-pruning)、BERT 稀疏剪枝、PruneNet 通道剪枝、微分剪枝(diff pruning)、动态推断序列剪枝、贪心层剪枝(Greedy Layer Pruning,GLP)、ContrastivePruning 都是采用剪枝方法对 BERT 进行压缩。精简 BERT(A Lite BERT,ALBERT)模型用句序预测(Sentence-Order Prediction,SOP)代替前后句预测(Next-Sentence Prediction,NSP)作为建模目标。幂 BERT(PoWER-BERT)给出提高 BERT 推理时间并同时保持准确度的方法。schuBERT 通过减少算法选择的正确架构设计维度,而不是减少变换器编码器层数,获得更有效的轻型 BERT 模型。量化 BERT(Q-BERT)模型对二阶信息(即 Hessian 信息)进行大量逐层分析,进而对 BERT 执行混合精度量化,模型参数压缩多达 13 倍,嵌入表和激活的压缩多达 4 倍。量化 8 位整数 BERT(Q8BERT)通过对 8 位整数支持硬件的优化,得到的量化模型可以提高推理速度,以最小的精度损失将 BERT 压缩 4 倍。量化噪声(quant-noise)模型仅量化权重随机子集而非整个网络。显著性分析可以使模型最高快 4 倍、小 14 倍。剪枝和对数缩放映射的推理时间量化微调 RoBERTa 的问答准确率降低 0.8%;采用分词级提前退出(token-level early-exit)并增加额外的自采样微调阶段可以节省高达 66%～75% 的推理成本。整数量化(integer quantization)和 I-BERT 使用整数算术来量化 BERT 推理。DeeBERT 通过动态提前退出(Dynamic Early Exiting)加速 BERT 推理。GOBO 针对符合高斯分布(Gausian Group)和离群值(Outlier Group)的 BERT 权值分别进行量化压缩,可以将 BERT 的 99.9% 的权重压缩到 3b。BiBERT 采用全二值量化使 BERT 模型规模约缩小至原来的 1/50。DQ-BART 采用蒸馏和量化共同压缩 BART 模型,能够使模型约缩小至原来的 1/30 的同时保证生成任务的性能和效率权衡。AdaBERT 利用了可微神经架构搜索来自动将 BERT 压缩成适应不同特定任务的小型模型。神经架构搜索 BERT（Neural Architecture Search-BERT，NAS-BERT）在包含各种架构的搜索空间上训练一个大型超网络，并输出具有自适应大小和延迟的多个压缩模型。BERT 提修斯（BERT-of-Theseus）模型先将原来的 BERT 分解成几个模块，并构建它们简化的替代品，然后通过随机替换原模块、训练压缩后模块模仿原模块的行为。SqueezeBERT 使用分组卷积代替自注意网络的逐个位置全连接（Position-wise Fully-Connected，PFC）层来提高速度和效率。使用中国剩余定理（孙子定理）压缩词嵌入可以减少 37.5 倍的维度，且对任务准确度的影响有限。对嵌入向量和样本大小降维（主成分分析、因子分解技术或多层自编码器），大多数任务的结果与 1/12 嵌入维度的最佳性能相当。基于矩阵乘积算子（Matrix Product Operator，MPO）将一个原始矩阵分解为中心张量（包含核心信息）和辅助张量（只有一小部分参数），分解后的预训练语言模型只更新辅助张量的参数，微调参数平均减少了 91%。其中，MobileBERT 和 SqueezeBERT 是计算机视觉算法和自然语言处理融合模型，减少计算冗余，提高 BERT 的性能，实现高效率的神经网络；XtremeDistil 和 LightMBERT 都是多语种 BERT 模型压缩。隔离变换器层中离群点维度（outlier dimension）会显著降低模型性能或剪枝压缩。缩减规模的预训练模型，MLM＋NSP（BERT 样式）始终优于 MLM（RoBERTa 样式）以及标准语言模型目标。还有关于模型压缩的综述。

第三，外部知识（external knowledge）可以提升语言表现，将语料库及其知识图谱作为模型输入，能同时充分利用词法结构、句法结构和知识信息。实体提供了有利于文本分类的明确和相关的语义信号，在命名实体识别（identity of named entity，NER）中人名、机构名、组织名等名词包含概念信息对应了词法结构，句子之间的顺序对应了语法结构，文章中的语义相关性对应了语义信息。百度公司提出的"文心"——知识集成的增强表征（enhanced representation through knowledge integration，ERNIE or ERNIE(BAIDU)）1.0 采用针对短语（phrase）和命名实体（named entity）两种全掩码（whole marked）策略，可以学习到知识依赖和语义依赖来让模型更具泛化性。ERNIE 2.0 使用了持续学习（continual learning）——先连续用大量的数据与先验知识持续构建不同的预训练任务，再不断地用预训练任务更新模型；分别构建了词法级别、语法级别、语义级别的三类多任务进行预训练，学习完一个任务再学习下一个任务，不同任务使用相应损失函数。ERNIE 3.0 融合了自回归网络和自编码网络，可以通过零样本学习、少样本学习或微调轻松地为自然语言理解和生成任务量身定制已训练模型。ERNIE-GEN 使用填充生成机制和噪声感知生成方法来弥合训练和推理之间的差异。ERNIE-Gram 模型对 n 元（n-gram）掩码和预测，取代 n 个连续分词标记序列。ERNIE-DOC 是文档级语言预训练模型，使用了回顾馈送机制和增强递归机制以具有更长的有效长度捕获整个文档的上下文信息。清华大学提出的信息实体增强的语义表征模型（enhanced Language representation with informative entities，ERNIE or ERNIE(THU)）模型有 T-Encoder 以及 K-Encoder 两种编码器，前者提取词法和语义信息,后者提取实体和知识融合,同时作为模型输入从而增强了语义表征,使用去噪实体自编码器(denoising Entity Auto-encoder,dEA)执行前后句预测任务。知识赋能的语言表征模型(Knowledge-enabled language representation model,K-BERT)使用三元组(triples)作为领域知识注入到句子中。神经注意力机制实体袋(Neural Attentive Bag-of-Entities,NABoE)模型是一种使用知识库中的实体进行文本分类的神经网络模型。知识增强BERT(Knowledge enhanced BERT,KnowBERT)模型证明将WordNet和Wikipedia先验知识的一个子集集成到BERT可以提高掩码语言模型的质量,并显著提高了它召回事实的能力。实体嵌入增强BERT(Entity embeddings enhanced BERT,E-BERT)与ERNIE(THU)和KnowBERT相似,但不需要再次预训练。知识嵌入和预训练语言表征(音译为"开普勒")(Knowledge Embedding and Pre-trained Language Representation,KEPLER)模型用预训练模型作为实体的嵌入对实体的文本描述进行编码,然后共同优化知识嵌入和语言建模目标,执行任务表现出色。弱监督知识预训练语言模型(Weakly supervised Knowledge pretrained Language Model,WKLM)引入了弱监督的方法来学习实体层次的知识,证实了从非结构化自然语言直接学习实体级知识的潜力,以及对下游任务进行大规模的知识感知预训练的好处。知识适配器(K-Adapter)模型对于每种注入的知识都有一个神经适配器,避免注入知识时可能会遭受灾难性遗忘问题。CokeBERT动态选择上下文知识并根据预训练模型文本上下文嵌入知识上下文,可以避免知识图谱中无法匹配输入文本的冗余和歧义知识的影响。知识图谱嵌入预训练模型(Pretrained Knowledge Graph Embedding,Pretrain-KGE)对BERT进行了微调,将世界知识的实体和关系表征纳入BERT。大规模事件知识图谱在BERT和RoBERTa上训练,得到具有丰富事件常识知识的复杂常识增强语言模型(Complex Commonsense enhanced Language Model,CoCoLM)。知识图谱和文本联合训练框架(joint pre-training framework for knowledge graph and text,JAKET)中的知识模块和语言模块提供了相互帮助。知识充足的预训练(Knowledge-Grounded Pre-Training,KGPT)模型可以生成特定于任务的文本。概念感知语言模型(Concept-Aware Language Model,CALM)可以在不依赖外部知识图谱的情况下,将更多常识知识打包到预训练T5模型参数中。将先验知识(prior knowledge)直接注入到BERT的多头注意力机制中而创建新的训练任务来微调BERT,可以提高其在语义文本匹配任务上的性能。K-XLNet模型首先匹配知识图谱中的知识事实,然后在不更改其体系结构的情况下直接将知识强制层添加到变换器。可插拔实体词表(Pluggable Entity Lookup Table,PELT)构建的词向量可以兼容地插入句子中直接作为输入,将实体知识注入预训练语言模型中,以很低的计算量进行预训练,从新领域文本获取知识实现领域迁移。此外,知识增强的预训练模型还有SenseBERT、SentiLARE(或SentiLR)、另一个同名E-BERT模型等,详见下文。

第四,词汇语义感知BERT(SenseBERT)模型使用WordNet基于认知语言学的英语词典构建输入单词与超义集之间的固定映射,经过预先训练得到了一个不需要人工标注的词汇-语义级(lexical-semantic level)的语言模型,显著改善词汇理解;词汇获知

BERT(Lexically Informed BERT，LIBERT)则是将词级语义相似度的离散知识整合到预训练中。CluBERT 可以从原始句子语料库中推断词义的分布；SensEmBERT 将语言建模的表达能力和语义网络中包含的大量知识结合起来，以产生多语种中词义的高质量潜在语义表征；情境感知嵌入的语义（context-aware embeddings of senses，ARES）为词汇知识库中的词汇意义生成语义嵌入，提高了 BERT 和 mBERT 模型的性能。BERTRAM 通过单词的表面形式和上下文在深层架构中相互交互，基于 BERT 推断出生僻词的高质量嵌入。即时笔记（Taking Notes on the Fly，TNF）在预训练期间即时记录生僻词（rare word），当训练中再次出现相同的生僻词时，可以利用事先保存的笔记信息来增强当前句子的语义。句子 BERT（Sentence-BERT，SBERT）和句子 RoBERTa（Sentence-RoBERTa，SRoBERTa）模型借鉴孪生网络框架，将不同的句子输入到两个 BERT 模型中（但是参数共享，可以理解为是同一个 BERT 模型），获取到每个句子的句子表征向量；适用于语义相似度计算，或无监督的聚类任务；而 SBERT-WK 通过几何结构来研究句子嵌入。Sentence-T5 在包括语义文本相似性在内的句子级任务上都优于 SBERT 和 SimCSE。白化 BERT（WhiteningBERT）使用平均标记替换分类标记（[CLS]）进行表征，即对向量做标准差归一化处理，去除输入数据的冗余信息，并将第 1、2 层和第 12 层相加，可以获得更佳的句子表征。语义感知 BERT（Semantics-aware BERT，SemBERT）是以细粒度的方式学习表征，并将 BERT 在纯上下文表征和显式语义上的优势用于更深层次的意义表征。休伯特（HUBERT）模型把张量积表征（Tensor-Product Representations，TPRs）的结构表征能力与 BERT 相结合，将特定数据中的语义从一般的语言结构中分离出来。上下文语言和知识嵌入（Contextualized LAnguage and Knowledge Embedding，CoLAKE）将知识上下文和语言上下文集成在统一的数据结构词知识图谱（Word-Knowledge graph，WK graph）中。在预训练或微调阶段给语言模型加入不同类型的语义，可以帮助模型从词汇信息推断世界知识和常识。ELMo、BERT 联合形态句法解析器（morpho-syntactic parser）在俄语应用任务上取得性能提升。句法 BERT（Syntax-BERT）采用即插即用模式有效地将句法树合并到预训练变换器中，在 BERT、RoBERTa 和 T5 等多个预训练模型上实现了持续改进。ParaBART 学习在通过预训练语言模型获得的句子嵌入中理顺语义和句法（disentangling semantics and syntax），被训练为根据与目标释义共享语义的源句和指定目标句法的解析树来执行句法指导的释义（syntax-guided paraphrasing）。依存句法扩张模型在句子完形填空任务和生物关系提取任务上获得更好的句子表征。词汇替换（lexical substitution）和词汇简化（lexical simplification）通过用简单的替代词代替复杂的词减少词汇多样性，可以提高预训练模型的性能。预训练通用语言表征（Universal Language Representation，ULR）模型对语言单位编码，如单词、短语或将句子，转换为固定大小的向量并以统一的方式处理多个分层语言对象，ULR-BERT 和 ULR-ELECTRA 在自然语言理解任务中有效。语义注入微调（Semantics-Infused FineTuning，SIFT）将输入句子首先通过语义依赖解析器，微调期间学习的任务架构结合了预训练模型（RoBERTa）与关系图卷积网络（Relational Graph Convolutional

Network，RGCN）读取图解析、对自动解析的语义图进行编码，使自然语言理解的八项任务 F1 分数得到提升。Dict-BERT 利用字典中生僻词的定义来增强语言模型的预训练。"第三"段落中的知识图谱增强和本段落中部分语义知识增强预训练语言模型都受益于结构化知识融合。

第五，在开源社区 GitHub 源代码仓库上都有发布中文（汉语）（Chinese）ULMFiT、BERT、RoBERTa、ALBERT、XLNet 的程序代码。ERNIE（BAIDU）1.0、ERNIE（BAIDU）2.0、ERNIE-GEN、ERNIE-ViL、ERNIE-Gram、K-BERT 模型都对中文自然语言处理任务进行了实验，因此也都可以划入中文预训练语言模型。全词掩码中文 BERT（whole word masking for Chinese BERT，BERT-wwm）及其扩展（BERT-wwm-ext）和全词掩码中文 RoBERTa（RoBERTa-wwm）及其扩展（RoBERTa-wwm-ext）都是对整个词进行掩码；ext 版本增加了预训练数据集的大小和训练步数。中文语言理解的神经上下文语境表征（音译为"哪吒"）（neural contextualized representation for Chinese language understanding，NEZHA）模型对 BERT 模型进行了四点改进：增加函数式相对位置编码（functional relative positional encoding）（BERT 是绝对位置编码）、全词掩码、混合精度训练（mixed precision training）和 LAMB 优化器。理论上，NEZHA 处理文本长度是无上限的。模型研发团队对外开源了 4 个中文预训练语言模型版本（包括 NEZHA-base、NEZHA-base-WWM、NEZHA-large、NEZHA-large-WWM）和 1 个多语种模型版本 NEZHA-base-multilingual-11-cased。n 元表征增强的中文文本编码器（Chinese text encoder enhanced by n-gram representations，ZEN）与 ERNIE（THU）的不同之处是提取 n 元而不是实体。掩码作为修正（MLM as correction BERT，MacBERT）模型从掩码策略几个方面等改进了 RoBERTa。软掩码 BERT（soft-marked BERT）提出了一种新的包括一个错误检测网络和一个基于 BERT 的错误修正网络的神经结构来解决中文拼写纠错问题。统一多准则中文分词（Multi-Criteria Chinese Word Segmentation，MCCWS）模型可以根据统一准则标记对中文文本进行分割，或者在 BERT 上增加了二元（bigram）特征和辅助准则分类任务，解决在汉语连续字符组成的句子中，存在多个分词准则的情况下，难以发现词的边界的问题，并进行蒸馏、量化、编译来优化计算效率。在预训练模型顶层加入多源词对齐注意力（Multi-source Word Aligned Attention，MWA）层获取分词信息，可以隐式地降低不同粒度分词所导致的误差。多粒度 BERT（A Multi-grained BERT，AMBERT）用细粒度和粗粒度标记使其兼容英文和中文。尽管有研究证明以字为基本单位的分词被验证有效的，以词为基本单位的中文 BERT（Word-based BERT，WoBERT）、WoBERT$^+$（WoBERT Plus）和 WoNEZHA 在不少任务上有它独特的优势，此外，追一科技还提供中文 RoBERTa、中文 RoBERTa$^+$ 等已训练模型。"悟道·文源"中文预训练语言模型（Chinese Pre-trained Language Model，CPM or CPM-1）对大规模中文训练数据进行了生成预训练，拥有 26 亿个参数和 100GB 中文训练数据，覆盖开放域回答、语法改错、情感分析等 20 多种主流中文自然语言处理任务。大规模高效预训练语言模型（Cost-effective Pre-trained language Model，CPM-2）从大模型预训练的整个流程去提升计算效率,包含中文语言模型 CPM-2-11B/CPM-2-11B-zh(Int 8)/CPM-2.1-11B-zh(Int 8)、110 亿参数的中英双语语言模型 CPM-2-11B(双语)和对应的 1980 亿参数的 CPM-2-MoE 模型等多个版本。CPM-3 构建可控、持续的预训练语言模型。面向认知的超大规模新型预训练模型"悟道·文汇"(Chinese-Transformer-XL)使用了中文预训练语料 WuDaoCorpus 中来自百度百科＋搜狗百科(133GB)、知乎(131GB)、百度知道(38GB)的语料、GPT-3 的训练目标预训练而成,通过简单微调就可以实现中文作诗、中文作画(以文生图)、制作视频、图文生成、图文检索、复杂推理等。赖宇轩等设计了一个格子位置注意机制的晶格图 BERT(Lattice-BERT)中文预训练语言模型,明确地包含单词连同字符一起表征,以多粒度的方式对句子建模,在 11 种中文语言理解任务基准测试上取得了最佳效果。孟子(Mengzi)轻量级预训练语言模型基于语言学信息融入和训练加速等方法与 BERT 保持一致的模型结构,只用 10 亿参数于 2021 年 10 月位列 CLUE1.0 总排行榜第三位。盘古大规模自回归预训练中文语言模型 PanGu-α 在小样本或零样本的情境下具有卓越的性能。其他特定(单一)语种(除英文之外)模型有：法语 CamemBERT 和 FlauBERT、BARThez、荷兰语 BERTje 和 RobBERT、芬兰语 BERT、俄语、阿拉伯语 hULMonA、AraBERT、ARBERT & MARBERT、从维基百科数据创建特定语种 BERT 模型(WikiBERT)、德语 GBERT& GELECTRA 和 GottBERT、印尼语 IndoBERT、西班牙语 BETO、斯拉夫语族 BERT(SlavicBERT,包含保加利亚语、捷克语、波兰语和俄语)、北欧语族 BERT(Nordic BERT,包含丹麦语、挪威语、瑞典语和芬兰语)、波兰语 HerBERT、Polbert、Polish-RoBERTa、爱沙尼亚语 EstBERT、AraELECTRA 和 AraGPT2、JABER 和 SABER、越南语 PhoBERT、BARTpho、韩语 KLUE-BERT 和 KLUE-RoBERTa、HyperCLOVA、匈牙利语 huBERT、中国少数民族语言 CINO、孟加拉语 BanglaBERT、捷克语 RobeCzech,等等。还有关于特定语种模型的综述。下文"第八"段落中还包含一些特定语种特定任务模型。

第六,谷歌官方多语种(跨语种)BERT(multilingual BERT)模型(简称 mBERT 或 M-BERT)提供 104 种语言的句子表征,在零样本跨语种迁移方面具有令人印象深刻的性能。对多语种 BERT 模型内部表征机制调查后发现,联合多语种预训练和微调允许在最终模型中的十种语言之间共享除少量参数之外的所有参数,联合微调为少资源语种提供了一种从其他语种更大数据集中受益的方法,区分大小写的多语种 BERT 模型比不区分大小写的保留更多信息,可以看作多语种编码器和预测器两个子网络的堆叠,用单语种语料库可以训练模型进行语码转换(code-switching),并且可以找到翻译对,在类型相近语种间的迁移效果最好,多语种 BERT 模型对每种语言表征进行了分区,上下文嵌入捕获了语言之间的相似性并按族群对语种进行了聚类;表征中明确标识了语种子空间,子空间对编码方式是：语言上位-依存语法和语言上位-词在句中的位置彼此正交或接近正交,子空间以英语以外的其他语种还原句法树距离,并且这些子空间在各种语言之间近似共享,分享子词帮助跨语种迁移,阻止访问类型学会妨碍跨语种共享模型的性能,语言嵌入对语言类型学的理解可以提高下游多语种应用性能,跨语中稳定性得分排名与两种语言的相似性、系统发育、地理和结构因素相关联,编码器能够捕获与词序、代词和否定相关的类型学属性,语言属性是在类型相似的语种之间共同编码的,具有超越单一语种的名词性(noun-hood)概念,语义知识的获取方式不同,模型性能与词序是相关的,特定(单一)语种模型搭配类似的语言可以缩小与多语种模型之间的性能差距,但大量多语言特性并不能抵消迁移语言对句法分析准确性的影响,语言相关度和词序相似度只能部分解释迁移语言对句法分析准确性的影响,语种间词汇重叠的作用可以忽略不计;数据大小和上下文窗口大小是可迁移性的关键因素,元学习增强了多任务和多语种学习能力;多语种 BERT 对不同语言由相同的注意头跟踪但对不同的句法结构存在差异,最重要的注意力头与语种无关(language-independent),删除近三分之一的不太重要的注意力头不会严重损害翻译质量,其表征受到高级语法特征的影响,依赖于语义和篇章因素,mBERT 作为知识库可以产生跨语种的不同性能,跨语种汇集预测可以提高性能,句法特征的重要性因下游任务而异,在微调过程中,根据任务的不同,嵌入句法树信息会被遗忘(词性标注)、强化(依赖性和选区解析)或保留(语义相关任务),在某些情况下对机器翻译可能会非常有效,在资源匮乏场景和远隔语言(distant language)中效率低得多;多语种掩码语言模型嵌入空间中存在通用的潜在对称性,且在不同语种联合训练过程中自动发现并对齐,其表征具有高度各向异性空间(anisotropic space)、等距(anisometry)和同构(isomorphism)、但没有异常值维度(outlier dimensions),来自平行语料库的对齐通常比基于字典的更好;用专门的单语种分词器替换多语种模型分词器,可以提高多语言模型几乎所有语言下游任务的性能;解耦嵌入(decoupled embeddings)提供了更高的建模灵活性,能够显著提高多语种模型输入嵌入中参数分配效率。在西班牙语上,XLM-R 比 mBERT 泛化效果更好,可以捕获在形态学上有用丰富的语言。统一语言编码器(universal language encoder,Unicoder)、高效的多语言语言模型微调(efficient multi-lingual language model fine-tuning,MultiFiT)、统一依赖关系解析模型(UDify)、跨语种 BERT 变换器(Cross-Lingual BERT Transformation,CLBT)、语言信息多任务 BERT(Linguistic Informed Multi-Task BERT,LIMIT-BERT)、多语种语言模型(Cross-lingual Language Model,XLM)、XLM-R(XLM-RoBERTa)、XLM-T、XLM-ProphetNet、ProphetNet-X、InfoXLM、XLM-R XL 和 XLM-R XXL、XLM-E、跨语种自然语言生成(Cross-lingual Natural Language generation,XNLG)模型、VECO、对齐多语种双向编码器(Aligned Multilingual Bidirectional Encoder,AMBER)、多语种 BART(multilingual BART,mBART)模型、ZmBART、扩展 M-BERT、交替语言建模(Alternating Language Modeling,ALM)、英语和阿拉伯语千兆词双语语料库 BERT(Gigaword BERT,GigaBERT)、语种无关的 BERT 句子嵌入(Language-agnostic BERT Sentence Embedding,LaBSE)、跨语种匹配网络(Cross-Lingual Matching Network,CLMN)、M2M-100、mT5、nmT5、mT6、CPM-2(双语)、CPM-2-MoE、悟道 2.0、悟道 3.0、ERNIE-M、CANINE 无分词标记编码器预训练语言表征、类比训练 mBERT、句法增强 mBERT、mLUKE、XGLM、BigScience(或 BigScienceLLM)、PaLM、CeMAT 等。还有一些多语种模型性能提升方法:双语字典掩码语言建模(DICT-MLM)、解耦嵌入

RemBERT、Meemi 跨语种词嵌入方法、上下文锚定的跨语种词嵌入、（无平行语料库）结合子词信息的跨语种词嵌入、MAD-X、XMAML、X-METRA-ADA、CoSDA-ML 多语种代码转换数据增强、FILTER 增强融合、多语种意图检测与填槽联合 BERT 模型、少资源双语翻译、双语翻译词对齐工具、少资源语言词汇扩增（vocabulary augmentation）、词汇扩增且脚本音译（script transliteration）、不认识的语种（unseen language）提升性能、跨语种微调框架 XTUNE，等。还有关于多语种模型的综述。下文"第八"段落中包含一些多语种特定任务模型。

第七，视觉文本模型分为图像文本和视频文本，图像文本模型有 ViLBERT 及其变种、VisualBERT、Unicoder-VL、MULE、LXMERT、B2T2、VL-BERT、VLP、UNITER、XGPT、VD-BERT、Pixel-BERT、OSCAR、FashionBERT、ERNIE-ViL、CVLP、DeVLBert、VILLA、ImageBERT、Image-Chat、LAT、X-LXMERT、StructVBERT、SemVLP、VLN∪BERT、单双流统一视觉语言 BERT、RpBERT、KVL-BERT、TAP、Prevalent、图像配对词嵌入、GLOBETROTTER、多模态文本风格迁移（Multimodal Text Style Transfer，MTST）、Vokenization、VIVO、Kaleido-BERT、VisualGPT、MMBERT、VTLM、VL-T5 和 VL-BART、视觉基础策略、自蒸馏、冻结的预训练变换器（Frozen Pretrained Transformer，FPT）、M6、M6-T、Renaissance（AliceMind-MMU）、Perceiver IO、视觉翻译语言模型（Visual Translation Language Model，VTLM）、无监督 VisualBERT、E2E-VLP、ClipCap、LEMON、CITL、视觉语言理解和生成统一多模态预训练（Unified Multimodal Pre-training for Both Vision-Language Understanding and Generation，UniVL）、ZeroCap、CLIP-NeRF、CLIP4CMR、ProbES、MAGIC、Gato、光学字符识别（Optical Character Recognition，OCR）有 LayoutLM、LayoutLMv2、LayoutXLM、LAMBERT、TrOCR、手写文本识别、XYLayoutLM（从头训练）等。视频文本模型有 VideoBERT、LVRCBT、UniVL、HERO、ActBERT、ClipBERT、VATT、VICTOR、VLM、VidLanKD、稠密视频字幕、GCN 和 BERT 跨模态手语识别（Sign Language Recognition，SLR）、视频到文本（video-to-text）综述、视频语言模型综述等。图像视频文本模型有离散表征学习（Discrete Representation Learning）、DeCEMBERT、MERLOT、Uni-Perceiver、Flamingo。音频文本模型有 SpeechBERT、CELT、Phoneme-BERT、ST-BERT、语音到文本（Speech-to-Text，S2T）、跨模态跨语种迁移学习（Cross-Modal and Cross-lingual Transfer Learning，XMTL）、语音－文本翻译模型等。有文献认为多模态数据对语言模型的提升显而易见，而多模态数据对视觉模型泛化性没有产生额外的帮助；BERT 对视频片段的复杂语义进行编码，可以用于视觉问答（Visual Question Answering，VQA）。文本图像模型有 SGM、悟道·文澜（WenLan 或 BriVL）、CLIP、DALL·E、VinVL、零样本 CLIP、Disco Diffusion（CLIP-Guided Diffusion）、CogView、ALIGN、FILIP、GLIDE、StyleCLIPDraw、PointCLIP、GLIP、FLAVA、SLIP、BLIP、MVPTR、CLIP-GEN、Text2Poster、COTS、DALL·E 2（unCLIP）、CogView2、CoCa、Imagen。文本视频模型（text-video）模型有 CPD、MMFT-BERT、视频和语言事件预测、TeachText、CLIP4Clip、CLIP2Video、

CUPID、HiT、MMP、CLIP2TV、CogVideo,文本图像/视频模型(或文本视觉模型)有视频图像联合编码器(Joint Video and Image Encoder)、女娲(NÜWA)、Uni-Perceiver。双向图像文本统一生成模型有悟道·文汇(Chinese-Transformer-XL)、悟道2.0、ERNIE-ViLG、悟道3.0。图像文本音频(图文音三模态)模型有基于视觉基础的无转录语音的大规模表征学习、OPT-Omni-Perception、NEmoBERT、神经网络配音器(Neural Dubber)、data2vec、AVQA任务,也有不需要自然语言文本作为中间表征或监督源的图像音频模型和音频视频模型(Audio-Visual Hidden Unit BERT,AV-HuBERT)。

第八,康德(Kant)等使用ELMo模型对类别不平衡和特定领域数据集进行多维情感分类获得高质量的结果。文本情感分类预训练模型EmotionX-HSU采用已预训练BERT的领域内微调获得了比赛第三名。帕克(Park)等基于标注的粗粒度情绪分类语料库预训练 BERT$_{\text{LARGE}}$ 模型,从效价-唤醒度-掌控度(Valence-Arousal-Dominance,VAD)三个维度预测细粒度情感。徐虎等在 BERT 上探索了一种新的后训练(BERT Post-Training,BERT-PT)方法增强对 BERT 微调后的效果最为经济(1天训练时间),在 SemEval-2014 任务4子任务2方面对象情绪极性分类的笔记本电脑(laptop)和餐厅(restaurant)评论情绪数据集的 Macro-F1 分数分别为75.08%和76.96%;应用于方面级情绪分类(Aspect-Based Sentiment Analysis,ABSA)时,发现 BERT 用很少的自注意头来编码上下文词和某一个方面的意见词,所有代码开源发布在 GitHub 上。DA-BERT 模型基于 BERT 增强方面级情感分析中的词性标注,能够充分挖掘句子中目标词和情感词之间的关系,不需要对句子进行句法分析,也不需要情感词典等外部知识。基于语言知识的情绪感知语言表征学习(Sentiment-aware Language REpresentation learning with linguistic knowledge,SentiLARE;版本v1和v2名为面向情绪分析的语言知识增强语言表征(linguistic knowledge enhanced language representation for sentiment analysis,SentiLR))模型利用语音标签和情绪极性等语言知识丰富输入序列,并利用标签感知的掩体语言模型捕捉句子级语言表征和词级语言知识之间的关系。同样是在 SemEval-2014 任务4子任务2方面对象情绪极性分类笔记本电脑和餐厅评论情绪数据集的 Macro-F1 分数,BERT-GRU 分别为61.12%和73.24%,BERT-自注意力网络(BERT-Self-Attention Network,BERT-SAN)分别为60.49%和74.72%,跨度级抽取分类(span-level extract-then-classify)BERT 分别为68.06%和74.92%,TransBERT 模型(参见"第九"段落)分别为75.43%和78.95%,情绪 BERT(Sentiment BERT,SentiBERT)分别为71.74%和75.42%,SentiLR 模型分别为76.47%和79.20%,SentiLARE 模型分别为78.70%和81.63%,BERTABSA-ATT(+PG−AS)模型分别为79.30%和82.34%,句对分类 BERT(BERT-Sentence Pair Classification,BERT-SPC)分别为75.03%和76.98%,注意力编码器网络 BERT(Attentional Encoder Network-BERT,AEN-BERT)分别为76.31%和73.76%,局部上下文关注 BERT(Local Context Focus BERT,LCF-BERT)分别为79.59%和81.74%,对象级 BERT(Target-Dependent BERT,TD-BERT)分别为74.38%和79.61%,领域适应 BERT(domain adaptation BERT,BERT-ADA)分别为78.74%和87.89%;特定方面图卷积网络（Aspect-Specific Graph COnvolutional Networks，ASGCN）（未用 BERT）分别为 71.05％和 72.19％，卷积依存树（Convolution over Dependency Tree，CDT）（未用 BERT）分别为 72.99％和 74.02％，合作图注意力网络（Cooperative Graph Attention Networks，CoGAN）（未用 BERT）分别为 74.5％和 73.2％，情绪依赖图卷积网络 BERT（Sentiment Dependencies with Graph Convolutional Networks-BERT，SDGCN-BERT）分别为 78.34％和 76.47％（准确率分别为 81.35％和 83.57％），BERT-图卷积网络（BERT-Graph Convolutional Network，BERT-GCN）分别为 76.95％和 79.12％，依存关系嵌入图卷积网络＋卷积神经网络＋BERT（Dependency Relation Embedded Graph Convolutional Network＋CNN＋BERT，DREGCN＋CNN＋BERT）分别为 76.37％和 75.79％，依存图增强双变换器网络 BERT（Dependency Graph Enhanced Dual-Transformer network-BERT，DGEDT-BERT）分别为 75.6％和 80.0％，关系图注意网络 BERT（Relational Graph Attention Network＋BERT，R－GAT＋BERT）分别为 74.07％和 81.35％，BERT 词表征＋选择性注意力图卷积网络（Selective Attention based Graph Convolutional Networks，SA-GCN）分别为 76.99％和 80.54％，BERT 词表征＋门控图卷积网络（gated graph convolutional networks）句法依存树规则分别为 80.2％和 82.5％（准确率分别为 82.8％和 87.2％，含几个模型结果比较表），互增强变换器网络（Mutual Enhanced Transformation Network，METNet）分别为 74.93％和 73.92％，D-GCN（BERT-Large）分别为 68.53％和 77.81％，胶囊网络 XLNet（XLNet and Capsule Network，XLNetCN）分别为 85.77％和 89.22％，局部上下文关注句法-方面情绪分类-上下文特征动态权重（Local Context Focus on Syntax-Aspect Sentiment Classification-Context feature Dynamic Weight，LCFS-ASC-CDW）分别为 77.13％和 80.31％，微调 RoBERTa 导出树结构（FT-RoBERTa induced tree）的 PWCN 模型和 RGAT 模型分别为 74.21％和 73.69％；对象级图注意力网络 BERT（Target-Dependent Graph Attention Network BERT，TD-GAT-BERT）准确率分别为 81.0％和 83.0％，对象情绪和关系图卷积网络（Target Sentiment and Relation-Graph Convolutional Networks，TSR-GCN）准确率分别为 77.25％和 82.54％，胶囊网络 BERT（CapsNet-BERT）在餐厅领域准确率为 85.9％，对抗训练 BERT（BERT Adversarial Training，BAT）在笔记本电脑领域 Macro-F1 分数为 76.5％，并行聚合 BERT（parallel aggregation BERT）在笔记本电脑领域为 76.81％，BERT-IL Finetuned 模型在餐厅领域准确率为 86.2％。尼泊尔特里布文大学（Tribhuvan university）团队在斯坦福情绪树库-粗粒度情绪二分类（Stanford sentiment treebank-binary sentiment classification，SST-2）和自行创建的斯坦福情绪树库-细粒度情绪五分类（Stanford sentiment treebank-five sentiment classification，SST-5）数据集上评测 BERT 模型细粒度情感分类任务，对于根节点（root node）$BERT_{BASE}$ 模型分别获得 91.2％和 53.2％的准确率，$BERT_{BASE}$ 模型分别获得 93.1％和 55.5％的准确率；美国康奈尔大学团队对于 SST-5 根节点预测，$BERT_{BASE}$ 获得 54.9％、$BERT_{LARGE}$ 获得 56.2％、ALBERT 获得 49.0％、DistilBERT 获得 53.2％、$RoBERTa_{LARGE}$ 获得 60.2％的准确率。李鑫龙

等使用上下文感知的方面级嵌入的门控机制来增强和控制方面级情感分析的 BERT 表征,在 SentiHood 和 SemEval-2014 任务 4 子任务 4 数据集上分别获得了 88.0% 和 94.89% 的 F1 分数;准注意力上下文指导的 BERT(Quasi-Attention Context-Guided BERT,QACG-BERT)在 SentiHood 和 SemEval-2014 任务 4 子任务 4 数据集上分别获得了 89.7% 和 92.64% 的 F1 分数。BERT 在 SemEval-2016 任务 5 餐厅、笔记本电脑、酒店三个数据集方面级情绪分类的准确率分别为 89.8%、82.8% 和 89.5%。多视角编码器分类器(Multi-View Encoder-Classifier,MVEC)跨语种情绪分类模型针对无标签资源的目标域数据,提出了一种无监督的跨语言情感分析模型。情绪知识增强预训练(Sentiment Knowledge Enhanced Pre-training,SKEP)模型即 ERNIE-Sentiment(中文),在酒店和 DVD 商品(含影视)中文评论的句子级情绪分类任务上取得较好结果。跨领域情绪感知语言模型 SentiX 设计了三种情绪掩码策略,从分词标记级和句子级四个方面提出了情绪感知的预测目标。针对情绪类别不平衡的问题,基于数据增强、欠采样和集成学习方法得到均衡样本,多标签 BERT 分类器在第七届中国计算机学会自然语言处理与中文计算会议任务 1 数据集上的对类别不平衡码转换文本(code-switching text)情感识别任务有效。在验证了 CNN-LSTM 模型在文本分类中的精确率比 LSTM-CNN 模型高 3% 后,整合的 BERT-CNN-LSTM 模型对刑事案件文本分类的精确率等指标提高了 10%。BERT-CNN-BiLSTM 对于具有序列特征和明显局部特征的文本数据,可以有效提高标签预测的准确性。胡瑞雪等进行垃圾分类立场分析,发现 LSTM-CNN 性能优于 CNN-LSTM,BERT-LSTM-CNN 模型最佳。BERT 结合 CNN、LSTM、DPCNN 和 RCNN 深度学习模型算法预测司法判决准确率显著提高 8%～10%。方明锋等将 BERT-BiLSTM 模型运用到自动语音识别系统后处理中的标点预测,在中文新闻数据集上的 micro-F1 值比基准高出 31.07%。蔡仁等基于 BERT-BiLSTM 模型能够准确预测能源市场中投资者和消费者在社会事件中的情绪倾向。申江洪等提出 BERT-BiGRU 模型先通过 BERT 模型获得上下文语境嵌入,再由 BiGRU 进行句子级情感分析,获得最好性能。黄鹤等提出基于 BERT 的深度卷积神经网络-双向门控循环单元(Deep Convolutional Neural Network Bidirectional Gated Recurrent Unit,DCNN-BiGRU)文本分类模型,这样语义向量不仅包含文本的局部特征,而且还包含文本的上下文特征。于清等验证 BERT-BiGRU 模型在中文文本分类任务中具有良好的性能。方晓东等利用 BERT-BiGRU 复合网络模型对新浪新闻数据集分类获得 97.21% 的 F1 值。刘秀文等利用 BERT-BiLSTM 模型进行文本情绪分类获得了比 BERT-LSTM 模型在 F1 分数上提高 1.01%。叶辉等使用 BERT-BiLSTM-Attention 模型对中医病历分类和提取,获得 89.52% 的 F1 分数。迟海洋等基于 BERT-BiGRU-Attention 混合神经网络有效提升健康社区用户意图识别模型的性能。袁理等使用 BERT、BiLSTM、BiGRU、BiLSTM-Attention、CNN 的集成模型在语义评测国际研讨会 2020(international workshop on Semantic Evaluation 2020,SemEval-2020)任务 8 网络表情包情感分析的子任务 A 情绪分类的 F1 分数为 0.3557,获得了第 19 名,在子任务 B 幽默分类的 F1 分数为 0.541,超越了 BERT-BiGRU、BERT-BiLSTM、BERT-

BiLSTM-Attention、BERT-ResNet 等组合模型；同时也比另外一组 BERT-DenseNet 组合模型效果好。RNN-BERT 模型在中文文本分类任务上比 DenseNetBERT、ConvBERT 等模型的准确率略高。BERT-CapNet-BiGRU-Attention 模型通过 BERT 预训练语言模型增强词语的语义表征，根据字符的上下文动态生成语义向量，然后将嵌入的字符向量作为字符级词向量序列输入胶囊网络 CapsNet，在胶囊网络中构建了 BiGRU 模块进行文本特征提取，并引入注意机制对关键信息进行关注，使用百度中文问答数据集的语料库的实验结果优于单个模型。胡任远等提出多层协同卷积神经网络模型（Multi-level Convolutional Neural Network，MCNN）学习到不同层次的情感特征来补充领域知识，并且使用 BERT 预训练模型将句子真实的情感倾向嵌入模型，最后将不同层次模型输出的特征信息同 BiLSTM 输出信息进行特征融合后计算出最终的文本情感性向。罗俊等（2021）基于栈式降噪自编码器和 BERT 在不完全数据情绪分类中 F1 值和准确率分别提高了约 6% 和 5%。女性词语的句子比男性词语的句子的情绪强度得分更高，多层感知机对含有特定性别的单词或短语的句子总是给予较高，通过去除词汇嵌入中的性别特征、识别主要细粒度编码性别方向，可以减少 BERT 依赖于特定性别词汇和短语的这种性别偏见（gender bias）。不同语种性别偏见的形式不同，视觉情感识别也存在性别偏见，因此需要降低模型生成带偏见的文本可能性的解码算法。词语选择和标签（Word Choice and Labeling，WCL）偏见出现在有倾向性新闻报道中，BERT 方面级对象情绪分类模型成为在一组报道同一事件或主题的新闻文章中能够识别偏见实例的自动化方法的核心；BERT 样式模型足以正确地解释新闻文章隐式表达的情绪，LCF-BERT 模型准确率为 69.8%。在 Yelp 网站餐厅评论数据集上预测情绪，比较 macro-F1 分数，逻辑（logistic）回归和支持向量机比 LSTM 和 BERT 复杂模型更有效。CharacterBERT＋词袋（Bag-of-Words，BoW）模型在 SemEval-2021 任务 5 不良内容识别数据集上的 F1 分数为 66.72%，也有用自注意力 Bi-GRU、ToxicBERT、集成学习等其他模型的。此外还有，构造辅助句子 BERT 情绪分析、知识蒸馏对抗适应（Adversarial Adaptation with Distillation，AAD）BERT 跨领域情绪分类、对抗和领域感知 BERT 跨领域情绪分类、对比学习和互信息最大化的跨领域情绪分类、统一领域适应 BERT 方面级情感分析、RoBERTa 方面级情绪分析、词依赖方面级情绪分析、UmBERTo 意大利语情感分类、多语种多对象立场识别、跨领域立场识别、XLM-R 多语种敌意识别、多语种 BERT 情感分类，在 2021 年主观性、情绪和社交媒体分析计算方法研讨会（workshop on computational approaches to subjectivity, sentiment and social media analysis，WASSA-2021）赛道 2 情感预测（Track Ⅱ: Emotion Prediction）的 BERT 应用、T5 应用和 ELECTRA 应用、GoEmotion 数据集的 27 个类别情感识别（emotion recognition）、同情 BERT（EmpathBERT）、语码混合（code-mixing）情绪分类、PhoBERT 越南语情绪分析模型、越南语评论情感分析、波斯语方面级情绪分类、丹麦语情感分析、希伯来语情感极性分析 HeBERT 和情感识别 HebEMO、多语种 BERT 的印尼语方面级情绪分析、脏话识别 HateBERT、XHATE-999、脏话识别和种族偏见消减、霍普菲尔德层 BERT（pretrained BERT model with

Hopfield Layer，hBERT）用于反种族偏见文本分类、COVID-19 带有种族主义标签推文负面情绪分析、冒犯语识别、幽默识别，讽刺识别、CRAB 仇恨言语识别、西班牙语仇恨言语识别、Bi-ISCA 双向句间讽刺识别和图文多模态讽刺识别，首字母缩略词（acronym）识别对抗训练 BERT（Adversarial Training BERT，AT-BERT）、多模态情感识别、音频视觉文本多模态情感识别，观点识别新闻聚合系统。文本分类特定任务有，王然等在 BERT 参数冻结的情况下训练任务模型，然后一起微调整个模型，使语义相似性、序列标注和文本分类任务的准确度提升。作为零样本文本分类预训练新方法，生成语言模型分类器消除了对多个特定于任务的分类头的需要；孙驰等对 BERT 文本分类任务不同的微调方法进行了实验，并提出了一个通用的解决方案；还有 RoBERTa 无监督标签优化的无数据文本分类，RoBERTa-wwm-ext 中文文本分类任务的微调方法，标注数据补充监督训练（supplementary supervised training on intermediate labeled data）方法和跨度抽取 BERT（Span-Extraction BERT，SpEx-BERT）对文本分类和回归可以获得额外的性能改进；BERT-CNN 专利文本分类、特征投影用于文本分类、BERT-PAIR 句对关系分类、论据分类、马拉地语文本分类、文本分类 BERT4TC、文档分类 DocBERT、文档聚类、暹罗语长篇文档匹配、长序列文档分类、假新闻识别、FakeBERT、多模态假新闻识别、COVID-Twitter-BERT（CT-BERT）、COVID-19 虚假信息识别、Twitter-RoBERTa（该文所属 CONSTRAINT 2021 论文集，包含多篇预训练模型虚假识别论文）、多语种 COVID-19 虚假信息识别、COVID-19 事件抽取、COVID-19 推文分类、COVID-19 推文情绪分析、COVID-19 传播者分析、事实核查、事实验证（fact verification）。其他特定任务有：动词谓语对称性推断、词汇复杂性预测（lexical complexity prediction）、代词解析（pronoun resolution）、XLM-R 多语种上下文消歧（context disambiguation）、GlossBERT 和其他词义消歧（Word Sense Disambiguation，WSD）、词汇语义变化（Lexical Semantic Change，LSC）、多语种选区解析抽取（constituency parse extraction）、梵文（Sanskrit）词嵌入评测、SpellGCN 中文拼写检查；否定识别 NegBERT、叙述风格识别、电影梗概的比喻（trope）识别、隐喻识别（metaphor detection）、MelBERT 隐喻识别、tBERT 语义相似度识别、句子配对、重点选择（emphasis selection）、句对建模；提取式摘要 BERTSUM、BEAR、SUM-QE、PEGASUS、HipoRank、MatchSum、BART＋MatchSum 及比较、生成式文本摘要、TED 无监督摘要模型、远距离监督关系提取（distantly supervised relation extraction）、多文档摘要 PRIMER；词预测表征的自举法预训练（Bootstrapped Pre-training with Representative Words Prediction，B-PROP）即席检索（ad-hoc retrieval）、大规模检索、句子排序 BERT4SO、CTRL、序列推荐 BERT4Rec、视频内容推荐 BERT4SessRec、文本推荐 RecoBERT、BERT 和 GCN 的引文推荐、检索启发式法、篇章检索 DPR、RAG、篇章排名、篇章重新排名、篇章表征结构解、ColBERT、互补排名 CoRT、多视图篇章排名、检索增强语言模型（REtrieval-Augmented Language Model，REALM）、大索引密集低维信息检索、ERNIE 检索模型、SparTerm 稀疏表征快速文本检索、超高维 BERT（Ultra-High Dimensional BERT，UHD-BERT）全排序、可区分搜索索引

（Differentiable Search Index，DSI）、文档检索、文档排名、monoBERT 和 duoBERT、RepBERT、文档内部级联排名模型（Intra-Document Cascaded ranking Model，IDCM）、文档重新排名；构建知识图谱 KG-BERT、知识图谱补全 PKGC、命名实体识别、BERT-MRC 用机器阅读理解任务提取实体、多语种 BERT 命名实体识别、中文命名实体识别 FLAT、葡萄牙语命名实体识别、土耳其语命名实体识别、孟加拉语命名实体识别、德语命名实体识别、FLBERT、Lex-BERT、基于提示的实体识别 Template BART、LightNER、EntLM、基于提示的细粒度命名实体识别、事件抽取、实体链接 YELM、PEL-BERT、MLMLM 和零样本实体链接、专家实体链接 CODE、跨语种实体编码、跨语种实体链接候选生成、实体关系抽取 R-BERT、语义关系抽取 XM-CNN、关系抽取添加上下文词表征、实体匹配、基于知识嵌入语言理解（Language Understanding with Knowledge-based Embeddings，LUKE）上下文实体表征、基于检索预训练（REtrieval-based Pre-Training，REPT）的桥接语言模型与机器阅读理解、实体关系学习、实体关系分类 SBERT-AT、对比学习实体关系理解（Entity and Relation understanding by Contrastive learning，ERICA）的 BERT 和 RoBERTa 模型、DOCENT 实体表征；数据扩增 CBERT、扩增 SBERT、LAMBADA、CoDA、SentAugment 自训练、AUGNLG 自训练、Minimax-kNN、HiddenCut、AuGPT 等；序列生成、语言生成、条件文本生成、元学习自然语言生成（Meta-NLG）、图灵自然语言生成（Turing-NLG or T-NLG）项目、"威震天-图灵"自然语言生成模型（MT-NLG）、Jurassic-1（J1-Jumbo）、GPT-Neo、GPT-J、GPT-NeoX-20B、Gopher、GopherCite、OPT、BERTGEN、T5-pegasus 中文生成式预训练模型、IndoBART 印尼语生成、生成数据，用无条件生成模型来合成域内未标注数据，意图指导助手生成文本，脚本生成，常识推理生成文本 CommonGen 任务、增强生成文本语义正确性的策略，理顺有吸引力标题生成器，文本生成模型的内容不正确错觉检测、基于 UniLM 思想、融合检索与生成于一体的相似问句自动生成 SimBERT 和 RoFormer-Sim（SimBERTv2）；神经机器阅读理解综述、预训练机器阅读理解、外部知识库提升机器阅读理解 KT-NET、多语种 BERT 机器阅读理解、语支机器阅读理解（Language Branch Machine Reading Comprehension，LBMRC）、稳健优化和蒸馏（Robustly Optimized and Distilled，ROaD）建模与 ELECTRA 模型一起使用以获得机器阅读理解和自然语言推理的提升、暹罗语机器阅读理解常识表征提升机器阅读理解、实体专家（Entities As Experts，EAE）提升阅读理解及其神经记忆解释；SLQA＋BERT、自然问答（natural questions）任务、BoolQ 问答、多语种抽取式问答任务、意图识别和填槽、开放领域问答、多篇章 BERT（multi-passage BERT）、BERTserini、BERT-KNN、开放问答答案选择 ASBERT、特定领域问答、常识机器理解问答（CommonSense Machine comprehension QA，COSMOS QA）、CommonsenseQA、Support-BERT、扰动词嵌入（perturb word embeddings）分布外问答（out-of-distribution QA），历史答案嵌入的对话问答、Support-BERT、扰动词嵌入（Perturb Word Embeddings）分布外问答（out-of-distribution QA）、Splinter，对话系统 DialoGP、Meena、TOD-BERT、Blender、

PLATO、PLATO-2、全球首个百亿参数中英文对话预训练生成模型 PLATO-XL、ConveRT、Span-ConveRT、ConVEx、DialogBERT、StyleDGPT、ConveRT、Span-ConveRT、ConVEx、DialogBERT、MinTL、SOLOIST、EmpTransfo、JarvisQA、DAPO、BERTaú、BERT-over-BERT（BoB）、LaMDA、GALAXY（SPACE1.0）、28 亿参数的中文最大开放域对话模型 CDialGPT、EVA、EVA2.0、个性化对话生成模型、面向任务对话的预训练噪声信道模型，基于提示的对话生成，对话矛盾检测任务（Dialogue Contradiction Detection Task，DECODE）、万能问答模型、UnitedQA、RocketQA 跨批次负采样、机器翻译生成数据扩增的多语种问答、印度语 BERT 和多语种 BERT 问答系统，事件影响生成（Event Influence Generation，EIGEN）、知识图谱的简单问答、基于 BERT 的知识库问答 BB-KBQA、KnowlyBERT、用知识图谱提升越南语问答 BERT＋vnKG，图推理常识问答、自我对话诱导知识（self-talk induced knowledge）的无监督常识问答，基于语义的无监督常识问答知识图谱到文本生成 T5-Prefix；表格列值和上下文的语义标注任务，小样本表格数据自然语言生成 Switch-GPT、Table-GPT、原型到生成（prototype-to-generation，P2G）、UnifiedSKG，文本生成 SQL 语句（text-to-SQL）NL2SQL ＋ BERT、EditSQL ＋ BERT、RAT-SQL ＋ BERT、RAT-SQL ＋ GAP、HydraNet＋EG、IESQL＋EG、BRIDGE＋EG、R^2SQL＋BERT、SDSQL＋EG、LGESQ ＋ ELECTRA、SSSQL ＋ ELECTRA、SeaD ＋ EG，表格问答 TABERT、TAPAS、FeTaQA，扫描文档中单元和布局信息的预训练语言模型 StructuralLM，对话语义解析（Conversational Semantic Parsing）GraPPa、SCoRe，表格预训练模型 TAPEX、SDCUP、TableFormer；BERT-DST 对话状态跟踪、GPT-2 对话状态跟踪；大规模多语种神经网络机器翻译（massively multilingual neural machine translation）模型、FSMT 机器翻译、BERT 机器翻译、文档级 BERT 机器翻译、MASS 和 BART 机器翻译、mBART 机器翻译、从未对齐的文本创建用于机器翻译的伪平行语料库、上下文数据扩增的小样本机器翻译；自然语言推理，多层推断网络 BERT（Hierarchical Inference Network BERT，HINBERT）、文本蕴涵，CorefBERT 互参推理语言表征，利用最大的常识知识库（Knowledge Base，KB）ConceptNet 中的结构化知识来教授具有常识推理的预训练模型、物理常识推理、句法增强自然语言推断、结合 KagNet 常识推理、指令理解推理，结合机器常识图谱（atlas of machine commonsense，ATOMIC）的预训练 GloVe 和 ELMo 模型获得更准确的知识推断能力、基于 ATOMIC 2020 常识知识图谱模型训练的 BART 比 GPT-3 的常识推理更强、小样本常识知识学习，基于模板的选择题常识推理隐含知识提取，MARGE 多文档释义、BERTese 释义查询知识提取；Syntax-BERT 使用句法树（syntax tree）的即插即用模式，在各种自然语言理解数据集上的实验验证了句法树的有效性，ReportAGE 可根据用户推文中的自我报告自动识别用户的确切年龄，SalKG 关注突出的知识图谱信息解释提升常识问答，社交和情感常识推理，大规模动态常识知识图谱结合 BERT 推理、多语种 BERT 常识推理、马拉雅拉姆语（Malayalam）自然语言推理；口语理解（Spoken Language Understanding，SLU）、语音表征 wav2vec 2.0、XLSR、UniSpeech、UniSpeechSat、WavLM、XLS-R，wav2vec2. 0＋BERT 语音识别、自动语音识别（Automatic Speech Recognition，ASR）错误纠正、语音转录、词错率（或误字率）评测 BERT（BERT for Word Error Rate evaluation，WER-BERT）、标点符号预测、语音意图抽取（Speech-to-Intent，S2I），BERT＋BiLSTM-CRF 语音情感自动标注，生成音频字幕、语音生成；图像任务（仅与 BERTology 相关的预训练视觉模型）图像 GPT（image GPT，iGPT）、视觉变换器（vision Transformer，ViT）、图像 BERT（image BERT pre-training with online tokenizer，iBOT）、BEiT、Florence、Point-BERT、SplitMask、LayoutBERT；生物反馈情绪分类、眼球追踪预测；等等。

第九，可迁移 BERT（Transferable BERT，TransBERT）模型既可以从大规模的无标记数据中迁移通用语言知识，也可以从各种语义相关的监督任务中迁移特定种类的知识，用于目标任务。关键词 BERT（Keyword-BERT）利用来自大型语料库的领域标签来生成领域增强（domain-enhanced）的关键字字典，在 BERT 的基础上堆叠一个关注关键字的变换器层，以突出查询问题对中关键字的重要性。领域 BERT（DomBERT）模型在领域内语料库和相关领域语料库中学习，学习跨领域共享的一般知识要困难得多（10 天训练时间）；除了 1.5.1 节综述的金融领域文本情绪分类预训练模型之外，金融特定领域其他任务还有赵凌云基于 BERT 及其集成模型对金融文本进行情绪分析和主要实体检测；唐晓波等使用 BERT-BiGRU-CRF 序列标注模型实现了金融领域文本序列标注与实体关系联合抽取。多领域开源中文预训练语言模型仓库（Open Chinese Language Pre-trained model zoo，OpenCLaP）是由清华大学人工智能研究院自然语言处理与社会人文计算研究中心推出的一个多领域中文预训练模型仓库，该模型仓库目前公开发布的模型有 3 个：民事文书 BERT、刑事文书 BERT、百度百科 BERT。生物医学特定领域的模型或应用有：K-AID 模型通过捕获领域的关系知识提升了电子商务、政府和影视三个领域的五个文本分类任务和三个文本匹配任务的性能，在句子级问答任务上实现实质性改进。朴素贝叶斯掩码语言模型（Naïve Bayes Masked Language Model，NB-MLM）通过对特定领域数据进行额外训练，并专注预测朴素贝叶斯分类器的大权重的词，提高了情绪分析任务的最终性能。2021 中国计算机大会"产业共话：大规模预训练的商业应用及技术发展方向"分论坛上，平安科技前沿技术部负责人王磊报告了用频谱分解网络结构（filter-loss 和 filter-layer）将背景信息和垂直领域知识体系的语义空间进行分离，与下游任务结合，在金融垂直领域和其他公开数据集上测试结果较 BERT 模型提升 3%～20%。医学随机对照实验（Randomized Controlled Trial，RCT）、临床概念抽取、磁共振成像信号预测、医学摘要中的动作识别、临床报告摘要、生物医学命名实体识别、BioNerFlair、UmlsBERT、生物医学文本挖掘模型 BioBERT、BioALBERT、Bio-ELECTRA、BERT-MIMIC/ALBERT-MIMIC/ELECTRA-MIMIC/RoBERTa-MIMIC、ouBioBERT、基于生物医学文献数据库的模型 PubMedBERT、BioMegatron 大型生物医学领域语言模型、临床医学文本模型

ClinicalBERT、Clinical XLNet、BEHRT、BERT-EHR、Med-BERT、基于 Transformer 生物医学预训练模型综述、急诊室临床记录分类、GatorTron、ERNIE-Health、医疗实体链接 SapBERT、生物医学实体链接、生物医学关系抽取、生物实体关系 LBERT、生物医学问答和信息检索 BioMedBERT、医学对话摘要 GPT-3、临床阅读理解、不良事件和适应症抽取、多语种流行病文本分类、ERNIE（THU）实体强化的临床问答、微调 ERNIE（BAIDU）和条件随机场胸部异常影像学征象提取（fine-tuning ERNIE with CRF for abnormal signs extraction，EASON）、苦味肽预测 BERT4Bitter、纳米孔甲基化检测、医药知识提取 PharmKE、belabBERT 精神病学分类、不良内容识别、从社交媒体抽取健康信息、新型冠状病毒感染导致的肺炎推文分析（COVID-19 Tweets Analysis）、Contrastive-Probe，药物设计 DeepCPI、GROVER、MolBART、MegaMolBart、RuDR-BERT，软对称对齐蛋白质序列嵌入 SSA、蛋白质表征学习任务评估 TAPE、蛋白质序列预训练模型 ESM-1b、蛋白质分类通用深度序列模型（Universal Deep Sequence Models for Protein Classification，UDSMProt）、UniRep、利用结构化信息学习蛋白质序列表征（Protein Sequence Representations Learned Using Structural Information，PLUS）模型、无标签束缚对提升性能的预训练蛋白质语言模型、蛋白质语言模型 ProtTrans、蛋白质生成模型 ProGen、"悟道·文溯"（ProteinLM）超大规模蛋白质序列预测模型、MSA Transformer、抗体预训练模型 AntiBERTy、蛋白质赖氨酸巴豆酰化识别 BERT-Kcr、融入基因本体知识的蛋白质预训练 OntoProtein、蛋白质-蛋白质相互作用 PPI-BioBERT-x10、其他蛋白质序列分析语言模型，刘宜佳等提出先进的 BERT 和基于文本相似性方法（ABTSBM）将医生在病历中记录的口语术语标准化为《国际疾病分类》对（ICD-9）第九版中定义的标准术语。电子商务特定领域的模型或应用有：回答来自产品规格说明的用户查询、电子商务地址分类、产品搜索、生成产品标题、非默认搜索排名、产品知识增强 E-BERT 模型、K-PLUG。中国古典诗词、文言文生成的模型有：基于中文 GPT 的乐府（即 NEZHA-Gen）、BERT-CCPoem、SongNet、GuWenBERT、悟道·文汇（Chinese-Transformer-XL）等。其他特定领域的模型或应用有：基于 BERT-CRF 模型化学小型语料库科学数据链提取、ChemBERTa 分子性质预测、心理测量特性、专利分类 PatentBERT 模型、科技文本 SciBERT 模型、科技论文摘要、BERTweet、TweetBERT、计算机网络 NetBERT 模型、TreeBERT 基于树的改进编程预训练模型、菜谱 RecipeGPT、教育 TAL-EduBERT、在线教育教学评价、手绘草图 Sketch-BERT、故事补全、故事完形填空测试、长篇财务报告生成、法律文本 LEGAL-BERT、中文法律长文档 Lawformer、植物健康公告分类、计算机辅助设计草图、学术 OAG-BERT、公共应急领域中文文本分类、CaseHOLD 法律判决案件、日志解析、软件故障定位（Fault Localization，FL）、源代码 CuBERT、CodeBERT 编程语言和自然语言双模态预训练模型、CodeGPT、GraphCodeBERT、代码生成、代码补全（code completion）、反编译、Codex、Alphacode、用户界面表征 ActionBERT、数学公式理解 MathBERT、数学题目的出题/做题/评分、游客轨迹 TraceBERT，等。

第十，通过对抗训练、对抗攻击、表征稳定性分析方法（Representational Stability analysis，ReStA）、文本分类和相似度攻击 TextFooler、鲁棒编码器（Robust Encodings，RobEn）、平滑感应的对抗正则化（SMoothness-inducing Adversarial Regularization，SMART）、释放大批量（Free Large-Batch，FreeLB）、分词标记感知的虚拟对抗训练（Token-Aware Virtual Adversarial Training，TAVAT）、大型神经语言模型的对抗训练（Adversarial training for Large Neural language Models，ALUM）、VILLA、Adv-BERT、GAN-BERT、基于强化学习的文本对抗训练、文本视觉字符嵌入对抗训练、认证鲁棒性词替换（word substitutions）、随机平滑认证鲁棒性词替换、差分隐私认证鲁棒性词替换、分词替换的对抗训练、中文块替换的对抗训练、频率感知随机化异常检测的对抗词替换、词级对抗重组（word-level adversarial reprogramming，WARP）、进化式愚弄句子生成器（Evolutionary Fooling Sentences Generator，EFSG）、模型抽取方法提升阅读理解的白盒和黑盒攻击效率、受控对抗性文本生成 CAT-Gen、对抗混合数据扩增（Adversarial and Mixup Data Augmentation，AMDA）、离散对抗攻击在线扩增、鲁棒训练增强零样本跨语种迁移、生物医学文本分类对抗样本生成模型 BBAEG、用合成对抗数据生成改进问答模型的鲁棒性、减少模型统计偏差的对抗增强训练（augmented training）方法、分布外（Out-Of-Distribution，OOD）泛化、基于 f-散度后验微分正则化、目标对抗训练（Targeted Adversarial Training，TAT）、遮挡和语言模型的对抗攻击（Adversarial attack against Occlusion and Language Model，Adv-OLM）、短语级对抗训练 XLM-R-large 多语种自然语言推断、基于梯度的文本变换器对抗攻击、目标模型无关的对抗性攻击方法等等，可以获得更好的模型鲁棒性。使用伪标签来监督针对大量用户生成数据的特定任务训练，充分利用了未标注数据，这优于单独的预训练或自训练（self-training）；基于伪标签（pseudo-labels）微调的预训练模型可以产生更具竞争力或更好的模型，但在某些情况下可能会降低预训练模型的性能。

第十一，格罗佛（Grover）模型可以寻找文本的源头，鉴别文本生成器制造的假文本、非人类文本，对抗假新闻的手段还有他类似的模型、合成文本作者身份归属区别标记、语言模型作者指纹识别。关于预训练模型安全的还有权重药饵攻击 RIPPLe、数据隐私 TextHide 模型、BERT-Attack、Explain2Attack（即 Transfer2Attack）、拼写错误纠正、BERT-Defense、Red Teaming 等。

第十二，预训练语言模型的融合模型在各大自然语言处理排行榜上比较常见。例如，2018 年哈工大讯飞联合实验室的 AoA＋DA＋BERT（ensemble）、平安金融壹账通旗下加马人工智能研究院（GammaLab）的 BERT_base_aug（ensemble），2019 年哈工大讯飞联合实验室的 BERT＋DAE＋AoA（ensemble）、常识推理混合神经网络模型（He et al.，2019），2020 年腾讯天衍实验室（Tencent Jarvis lab）的 RoBERTa（ensemble）、三个预训练表征模型连结，2021 年谷歌的 T5＋Meena，等等。基于 BERT 扩展的预训练模型分类如表 1.2 所示。

表 1.2　基于 BERT 扩展的预训练模型分类

类　　别	年　　份	模型名称或分类	主要特点(优缺点)
调优	2019	LAMB	使 BERT 训练时间从 3 天缩减到 76 分钟
	2019	StackingBERT	采用叠加法来有效加速 BERT 训练
	2019	RoBERTa	调参后:动态掩码、去除句预测、最小批处理量变大、字节编码、更多的数据、更多的训练步数
	2020	UniCase	能够使用更大的词汇表使用相同数量的参数构建模型
	2019	Megatron-LM	类 GPT-2 的 83 亿参数/Turing-NLG 是 170 亿参数模型
	2019	ZeRO	新型内存优化技术,可以训练 130 亿参数模型
	2020	PET	性能堪比 GPT-3,参数量 2.23 亿仅为其 0.1%
压缩	2019	蒸馏	BERT-PKD、TinyBERT、DistilBERT、MobileBERT
	2020		MiniLM、FastBERT、DynaBERT、XtremeDistil、TernaryBERT、DiPair、BERT-EMD、LightPAFF、Bort
	2019	剪枝	LayerDrop、结构剪枝、compressing BERT、PruneNet
	2019	参数精简	ALBERT、PoWER-BERT(2020)、schuBERT(2020)
	2019	量化	Q-BERT、Q8BERT、Quant-Noise、DeeBERT
	2020	自适应	AdaBERT、NAS-BERT
	2020	模块替换	BERT-of-Theseus、SqueezeBERT
	2021	降维	中国剩余定理、MPO
知识增强	2019	ERNIE (BAIDU)	比 BERT 和 XLNet 有显著提升,也是中文文本模型
	2019	ERNIE(THU)	在关系提取任务中获得 F1 分数为 88.32
	2019	K-BERT	可以直接将预训练过的 BERT 参数用在 K-BERT 上
	2019	NABoE	新的神经注意机制使模型能够关注少量明确和相关的实体
	2019	KnowBERT	将 WordNet 和 Wikipedia 先验知识的一个子集集成到 BERT
	2019	E-BERT	将 Wikipedia2Vec 实体向量与 BERT 本地单词向量空间对齐
	2019	KEPLER	共同优化知识嵌入和语言建模目标
	2019	WKLM	引入了弱监督的方法来学习实体层次的知识
	2020	K-Adapter	避免注入知识时可能会遭受灾难性遗忘问题
	2020	DKPLM	根据文本上下文动态选择和嵌入知识上下文
语义感知	2019	SenseBERT	词义消歧实验证明了在上下文任务中显著提升词汇理解
	2019	SBERT	适用于语义相似度计算和无监督的聚类任务
	2019	SemBERT	SemBERT 与 BERT 相比在概念上同样简单,但功能更强大
	2019	HUBERT	将特定数据中的语义从一般的语言结构中分离出来
	2020	ExpBERT	比 BERT 基准模型标注数据少 3~20 倍、提高 3~10 F1 点

续表

类 别	年 份	模型名称或分类	主要特点（优缺点）
特定语言	2018	Chinese BERT	把一个完整的词切分成若干个子词，子词会随机被遮掩
	2019	BERT-wwm	完整的词的部分字词被遮掩，该词的其他部分也会被遮掩
	2019	NEZHA	函数式相对位置编码、全词遮掩、混合精度训练、LAMB
	2019	ZEN	n-gram 强化：分为 n-gram 提取和 n-gram 集成两个步骤
	2020	MacBERT	使用相似词替换掩码减缓预训练和微调两个阶段的误差
	2019	其他	法语 CamemBERT 和 FlauBERT、荷兰语 BERTje 等
多语种	2019—2021	—	mBERT、Unicoder、MultiFiT、UDify、CLBT、XLM、XLM-RoBERTa（XLM-R）、XNLG、mBART、GigaBERT、DICT-MLM
多模态	2019—2021	图像文本	ViLBERT、VisualBERT、Unicoder-VL、LXMERT、VL-BERT、FashionBERT、ERNIE-ViL、DALL·E、文汇、文澜等
		视频文本	VideoBERT、LVRCBT、UniVL
		音频文本	SpeechBERT、CELT
特定任务	2019—2021	文本情绪分类	SentiLARE(SentiLR)、SentiBERT、MVEC、SKEP
		其他	对话系统（DialoGPT、Meena、Blender、PLATO、PLATO-2、Span-ConveRT）、机器阅读理解、信息检索、构建知识图谱等
特定领域	2019—2021	—	金融领域 FinBERT，其他领域 TransBERT、Keyword-BERT、BioBERT、ClinicalBERT 等
鲁棒		—	ALUM、FreeLB、SMART、GAN-BERT 等
安全		—	Grover、TextFooler、RobEn、RIPPLe、TextHide 等
融合模型	2018—2021	—	AoA＋DA＋BERT(ensemble)、BERT_base_aug(ensemble)、RoBERTa(ensemble)、T5＋Meena20

除了模型本身相关的创新，对于预训练语言模型有一些新的评估指标和评估基准产生，例如，BERTScore 文本生成评估、MoverScore 文本生成评估、GEM 文本生成基准、SuperGLUE、GLGE、FewNLU、生物医学语言理解评测（Biomedical Language Understanding Evaluation，BLUE）、oLMpics、段落内容离散推理（Discrete Reasoning Over the content of Paragraphs，DROP）基准、xSLUE 跨风格语言理解和评价的基准和分析平台、EntEval 实体表征整体评估基准、RussianSuperGLUE、CLUE、中文生物医学理解评估基准（CBLUE）、DataCLUE、BLEURT、CheckList、BERT-RUBER、DialoGLUE、XPersona、TweetEval、现实环境和指令的行动学习（Action Learning From Realistic Environments and Directives，ALFRED）视觉语言理解基准、多语言上

下文词表征对齐、BLiMP 英文语言最小对基准、(高效 Transformer)长序列竞技场
(Long-Range Arena,LRA)、与预训练无关的数据同分布评测(Pretraining-Agnostic
Identically Distributed evaluation,PAID)、XGLUE 跨语种预训练理解生成基准数据
集、XQuAD 跨语种问答数据集、XTREME 评估跨语种泛化能力的大规模多语种多任
务基准、XTREME-R、MLQA 多语种抽取问答评测、代码智能评测指标 CodeBLEU 和
基准数据集 CodeXGLUE、波兰语评测、MKQA 多语种开放领域问答的语言多样性基
准、统一多语种鲁棒性评估 TextFlint、AmericasNLI 评估预训练多语言模型、CLiMP
中文语言模型评测基准、MOROCCO 精度规模速度模型评估框架、RAINBOW 多任务
常识推理基准、BEIR 信息检索基准、SpartQA 空间推理文本问答基准、自然指令
(natural instructions)评测基准、韩语语言理解评测(Korean Language Understanding
Evaluation,KLUE)基准、IndoLEM 和 IndoNLG 印尼语评测基准、社会偏见(social
bias)评估指标、AdvRACE 机器阅读理解基准、XL-WiC 多语种词义消歧基准、XL-
WSD 多语种词义消歧基准、知识密集型语言任务(Knowledge Intensive Language
Tasks,KILT)基准、BiToD 双语种多领域对话基准、阿拉伯语情绪和讽刺识别基准、
VALUE 视频语言理解评测基准等；Python 语言开源软件工具包,例如,抱抱脸
Transformers、基于变换器语言模型表征可视化分析工具 exBERT、统一编码器表征
(Universal Encoder Representations,UER)、知识蒸馏工具包 TextBrewer、表格和文本多模
态工具包、检查表(checkList)测试用例工具、大规模推理工具包 BMInt、提示学习开源
框架工具包 OpenPrompt 等。此外,对本书参考文献的文献计量学的可视化分析参见
插图 4　BERTology 文献摘要前 30 个最相关主题词及其距离图、插图 5　BERTology 文
献术语共现网络和插图 6　BERTology 文献作者共现网络。还有基于预训练模型的主题
和情感可控的文本生成方法——即插即用语言模型(Plug and Play Language Model,
PPLM)等。以上部分内容与本书研究内容关系不紧密,因此未做赘述。

1.5　基于预训练模型的金融文本情绪分类任务

1.5.1　金融文本情绪分类预训练模型

杨等基于 ELMo 模型提出了用 ULMFit 方法分析 FiQA 数据集上的金融实体情
绪。萨伦(Salunkhe)等提出将 BERT 模型用于方面级情绪分类并用于金融数据的情
绪预测回归方法。

英文金融情绪分类 FinBERT 模型在汤姆森路透文本研究集合-金融语料库
(Thomson Reuters text research Collection-financial,TRC2-financial)上进一步训练,
并在两个英文金融情绪分类数据集(Financial PhraseBank、FiQA Task-1 sentiment
scoring dataset)上得到了比 ELMo 预训练模型结合长短期记忆网络(LSTM)分类器和
ULMFit 预训练模型更好的效果。该论文帮助作者部分完成阿姆斯特丹大学硕士学
位,但已被学习表征国际会议(International Conference on Learning Representations,
ICLR)2020 项目主席团退稿,所有审稿人给出审稿意见都为拒收,总结审稿意见中的

拒绝原因主要有以下两个方面。

第一，写作质量缺陷。ICLR 2020 审稿人认为有新颖性但贡献不足以满足该会议，实验结果有价值但写作质量不高，在实验中也存在一些缺陷或缺失细节，例如，作者未能给出用于达成一致的度量标准，审稿人不得不阅读预训练数据集的原论文。更何况 ICLR 是深度学习（涵盖统计学、数据科学和人工智能等重要应用领域）的国际顶级会议（top-tier conference），对于论文的质量要求是非常严苛的。最终作者没有回应审稿人，未提交修改稿，因此被退稿。

第二，不适合发表于自然语言处理与计算语言学领域的顶级会议论文集。其中一位 ICLR 2020 审稿人认为英文 FinBERT 论文可能更适合其他（金融）应用型会议论文集或期刊。ICLR 2020 邀请的匿名审稿人多为顶尖的统计学、数据科学和人工智能专业人士，关注点自然是在计算机领域的创新，对于神经网络在其他专业领域应用性的探讨并不是十分感兴趣，除非专业领域的应用对神经网络产生创新性影响。看起来似乎英文 FinBERT 论文如果向应用类会议投稿可能会被录用，例如，混合智能系统国际会议（international conference on Hybrid Intelligent Systems，HIS）。事实上，写作质量较高的应用领域论文仍会被顶级会议录用。例如，应用于科技论文领域的 SciBERT 预训练模型被 2019 年自然语言处理实证方法会议与自然语言处理国际联席会议（2019 conference on Empirical Methods in Natural Language Processing and International Joint Conference on Natural Language Processing，EMNLP-IJCNLP 2019）采用。

而另一个英文金融情绪分类 FinBERT 模型使用了公司报告、财报电话会议记录、分析报告三类财务及商务沟通语料库训练原始 BERT 模型，在三个英文金融情绪分类数据集上分别有不同程度的提升，准确度比 BERT 绝对高出 0.036～0.161。

李建诚等从 StockTwits 网站收集了投资者对美国股票的看法，基于 BERT 模型在标注情绪数据集上进行了微调，能够识别出投资者情绪，准确率达到 87.3% 以上。刘逍然借助 BERT-LSTM 模型情感分析并最终建立投资者情绪指标。崔雪利用 BERT 模型结合卷积神经网络（Convolutional Neural Network，CNN）实现上市公司年报的情感分析。罗衍潮提出 XLBLC3A 混合神经网络股评情绪分析模型，采用 XLNet 模型得到词向量，BiLSTM、CNN-3 和注意力层提取语义特征。任咪咪使用 BERT-CNN-LSTM-Attention（原文为 BERT & attention based CNN-LSTM，BA-CNN-LSTM）情绪分类融合模型，在人工标注情绪类别的东方财富网股吧用户评论数据上，准确率优于 BERT-LSTM、BERT-CNN、ACNN-LSTM、BERT 等其他模型。中文金融领域 FinBERT 1.0 预训练模型在金融财经类新闻、研报/上市公司公告、金融类百科词条三大类金融领域大规模语料上训练谷歌原生中文 BERT，在金融短讯类型分类、金融短讯行业分类、金融情绪分类、金融领域的命名实体识别四个金融领域的下游任务中获得了显著的性能提升。截至 2021 年 10 月，ERNIE-Finance 未开源，尚未发表论文。贾吉等通过标注 Stocktwits 网站基于股票价格变化的文本数据在 ALBERT 模型上训练处理金融领域文本分类任务，得到 FinALBERT 预训练模型。

本书是以预训练模型为主要研究内容、中文金融文本为应用领域、情绪分类为任务,探讨的关注点和创新的着眼点是方法和过程,因此本节仅对金融文本情绪分类的预训练模型的历史文献进行综述。

1.5.2 基于预训练模型情绪分类的证券市场分析

基于情绪分类的证券市场分析是金融文本情绪分类模型主要的一个应用场景,分析内容一般分为4类:相关(或因果)关系检验、情绪指数监测、风险预警、价格(或收益率、交易量、利润)预测和投资(组合)策略推荐。基于非预训练模型和分类器的情绪分类进行证券市场分析的历史文献(详见1.3.3节)已经证明基于情绪指数方法预测证券价格的有效性,但是非预训练模型和分类器需要对评论人工标注后再进行情绪分类,且最终价格(或收益率)预测准确率不高。

通过已预训练语言模型(分类器已微调)进行情绪分类,不需要进行人工标注评论,且预测准确率较高。肖等利用BERT模型构建了基于文本的情绪指数,证明了BERT模型在情感分析中的准确率显著增强;用LSTM模型对3只在微博上热议且交易活跃的中国香港股市个股收益进行预测。田鹏飞用BERT构建评论文本的情绪指数,并基于LSTM-CNN模型在已有情绪指数的基础上对上证指数的波动情况进行了预测。周悦(Zhou)等采用BERT模型与多任务学习相结合的方法来预测新闻的价值,并提出一种情绪极性随时间变化的度量方法来提取不同事件期间的词情绪极性,将情绪得分取平均值作为一周的总体情绪分值,并将一周的总体情绪映射到下周的股票指数趋势。林杰等利用BERT模型对21家期货公司行情预测文本数据构建了期货市场投资者情绪指数,并用格兰杰非因果关系(Granger non-causality)检验了投资者情绪指数与期货收盘价之间存在相互影响。

此外,有的相关研究虽然使用了word2vec模型训练词向量,但未使用已预训练的词向量,因此未纳入上面的文献综述,而是归入非预训练模型情绪分类的证券市场分析(见1.3.3节)。

第 **2** 章

视频讲解

预训练语言模型关键技术

2.1 预训练方法

传统的纯监督(或全监督)深度学习自然语言处理模型可能准确率很高(模型准确率是机器学习中最常用指标,详细定义见 3.14.2 节),但其鲁棒性差,经不起干扰,性能高低主要取决于标注训练数据的质量,或者在监督数据量很小的情况下,模型非常容易过拟合。

深度神经网络训练过程中往往存在以下几个问题。

(1) 网络层数越深,需要的训练样本数越多。

(2) 多层神经网络参数优化是个高阶非凸优化问题,采用梯度下降法经常会得到收敛较差的局部解。

(3) 梯度扩散问题。解决该问题的方法是逐层贪婪训练,无监督预训练网络的第一个隐藏层,再训练第二个隐藏层,直至最后一个隐藏层,用训练好的网络参数值作为整体网络参数的初始值,这就是预训练;经过预训练最终能得到比较好的局部最优解。

预训练方法可以较好地解决以上深度神经网络存在的问题。预训练模型包含预训练和微调两个过程,预训练提供了优秀的网络结构和模型参数的初始化,微调只需稍微修改网络中的部分层。按照预训练的数据类型不同,预训练模型可以分为预训练语言模型、预训练视觉模型、预训练语言文本图像模型、预训练语言文本视频模型、预训练语言文本图像音频模型等。预训练是迁移学习的解决方案之一,已经形成较为完整的方法论体系,在计算机视觉和自然语言处理的很多任务上取得了重大进展。

基于深度学习的预训练语言模型应用的一般过程是先将词向量化,然后经过一个上下文语境敏感的编码器,学习得到每个词的上下文语境相关的表征,最后输入到特定任务的模型中进行预测。预训练模型学习过程中使用了端到端学习、迁移学习、多任务学习等学习方式。端到端(end-to-end)学习是建立一个端到端的方法,让机器自动从数据中学习到特征,所以深度学习也常被称为表征学习。迁移学习是两个不同领域的知识迁移过程,利用源领域中学到的知识来帮助目标领域上的学习任务,源领域的训练样本数量一般远大于目标领域,这样就可以解决不满足"训练数据和测试数据的分布是相同的"这一前提假设的实际场景。多任务学习同时在多个相关任务的数据集上进行训练,相当于一种隐式的数据增强,让这些任务在学习过程中共享知识,利用多个任务之间的相关性来改进模型在每个任务上的性能和泛化能力。

预训练语言模型的关键技术有四个:上下文语境感知的语言表征学习、高效的特征提取器、自监督学习和迁移学习技巧方法。自从把神经网络引入到自然语言处理以来,语言表征学习由原先的监督学习进入到自监督学习,自然语言特征处理器由原先的依靠专家手工调参进入到自动化阶段,语言表征学习类型由无监督学习进入到自监督学习。

2.2　上下文感知的语言表征学习

语言是一种音义结合的符号系统,词是一种符号单元(gram),句子和篇章都是按照时间顺序出现的词或短语构成的时间序列。

自然语言处理中的语言表征是语言的形式化或者数学描述,以便在计算机中表征语言,并且能够让计算机程序进行自动化处理。深度学习中的表征学习是指通过模型的参数,采用何种形式、何种方式来表征模型的输入观测样本。

语言表征学习(language representation learning)是基于神经网络将不同粒度文本的潜在语法或语义特征分布式地存储在一组神经元中,用稠密、连续、低维的向量进行表征,是自然语言处理的核心问题。按空间形式的不同,语言表征可以分为离散表征和连续表征两类。离散表征是将语言看成离散的符号,也就是局部表征(local representation),例如独热表示(one-hot representation);而连续表征将语言表征为连续空间中的一个点,也就是全局表征(global representation),例如分布式表征(distributed representation)。词是构成英语语言的最基本单位,因此词表征学习是语言表征学习的基础。词表征学习也称为词嵌入,是从词语的符号空间映射到向量空间的数值形式的过程;嵌入是指把用一维向量表征所有词的高维空间(即独热编码向量,一维为1、其余维为0的向量)映射到用低维数的连续向量空间中,每个词被映射为实数域上的向量。而词向量是指将高维向量投射到低维稠密向量空间的过程。短语、句子和序列表征学习的方法是类似的,都和结构预测紧密相关。

语言模型(Language Model,LM)是根据一个语料库按照某个算法训练出来的模型。语言模型经历了文法规则语言模型、统计语言模型、神经网络语言模型三个发展阶段。按语言结构单位的不同,语言模型可以分为字符语言模型、词语言模型、句语言模型、序列语言模型等,大多数自然语言处理任务都是以给词分配标签(即分词)任务为基础的。按建模目标的不同,语言表征模型可以分为概率语言模型、掩码语言模型、乱序语言模型等。概率语言模型可以用于：①计算出来某个语言单位(一般是词、句子)在该模型下出现的概率；②在前面若干个词给定的情况下判断下一个词出现的概率,进而刻画出细粒度的语义和句法规律。按照序列处理方法的不同,语言模型可以分为自回归(AutoregRessive,AR)语言模型和自编码器(AutoEncoder,AE)语言模型。

自回归语言模型是利用自回归模型估计文本语料库的概率分布,给定一个文本序列 $x = (x_1, \cdots, x_T)$,将某语言单位出现的概率分解为前向乘积或后向乘积,用一个神经网络被训练来对每个条件分布建模。自回归语言模型只能利用上文或者下文的信息,不能同时利用上文和下文的信息,仅能得到单向上下文(向前或向后)计算下一个某语言单位出现的概率；即便是采用双向都计算的融合模式,对双向上下文的预测效果并不是太好；适用于自然语言生成任务,例如,文本摘要、机器翻译等。

自编码器语言模型使用编码器-解码器架构对数据进行降维,即用自适应的多层编码器网络来把高维数据编码为低维数据,同时用类似的解码器网络来把这个低维数据重构为原高维数据。在自然语言处理中,编码器将输入的样本映射到隐藏层向量,解码器将这个隐藏层向量映射回样本空间,不执行显式密度估计；从输入重构原始数据,再对损坏(如遮掩某个词或者打乱词序)的输入句子进行学习,从而让模型学习到更丰富的语义表征,帮助下游任务。自编码器语言模型通过这样的自监督学习方法来学习单词的上下文相关表征,适用于自然语言理解任务,例如,文本分类、文本抽取等。

深度双向语言模型通过对左右两边分词同时推理具备上下文感知的能力,这就要求自编码器输入的词向量包含左右两边的位置向量,而不仅是单边位置向量,即融合语义和位置信息的词向量,这样输出的词表征也就含有了语义和位置信息。

2.3　高效的特征提取器

2.3.1　神经注意力机制

注意力是指向和集中于某种事物的能力。在深度神经网络的架构设计中,神经注意力机制(neural attention mechanism,简称注意力机制)根据注意力对象的重要程度分配神经网络中的权重值,重要的就多分一点,不重要或者不好的就少分一点,实质上是一种自动加权机制,其本质是计算资源分配。这与人在获取信息时的视觉注意力焦点类似,有效地分配视觉资源可以极大提高从大量信息中筛选出高价值信息。人工神经网络中,神经元运算是同层或两层之间神经元的连接,权重值代表不同神经元之间连接的强度,神经网络训练的目标是更新权重值(参数)以降低损失(误差)。神经注意力机制可以带来两个好处：第一,减小处理高维输入数据的计算负担,通过结构化的选取输入的子集,降低数据维度；第二,"去伪存真",让任务处理系统更专注于找到输入数据中显著的与当前输出相关的有用信息,从而提高输出的质量。注意力模型计算上下文向量作为每一步产生隐藏层状态(hidden state)序列的加权平均值。单一序列表征的注意力函数计算过程：输入序列中的每个词都有各自的值（value）向量，目标词作为查询（query）向量，目标词的上下文各个词作为键（key）向量，并将查询和各个键的相似性作为权重，将上下文各个词的值融入目标词的值，根据该查询向量计算值的加权求和，从而得到上下文向量。

基于注意力的自然语言处理模型中，注意力机制是衡量重要性权重的向量，或元素之间相关性的表征。

按机器翻译任务的对齐得分（alignment score）计算公式的不同，注意力分为加法或拼接（additive or concat）注意力、基于内容（content-base，即余弦）的注意力、点（dot）注意力、常规（general）注意力和位置（location）注意力、乘法（multiplicative，包含点注意力和常规注意力）注意力、点积（dot-product）注意力、按比例缩放点积（scaled dot-product）注意力、键值对（key-value）注意力。

按对输入信息的编码方式不同，注意力分为软注意力（soft attention，包含合并或加法、基于内容和键值对注意力）和硬注意力（hard attention）。按是否考虑所有位置编码隐藏层状态，注意力分为全局注意力（global attention）和局部注意力（local attention，即半软半硬注意力）。按是否并行计算注意力分布的不同，注意力分为单级注意力（single-level attention）和多级注意力或多头注意力（multi-level or multi-head attention）。按输入序列数量的不同，注意力分为区别注意力（distinctive attention）、联合注意力（co-attention）、自注意力（self-attention）或内部注意力（intra-attention）或内积注意力（inner attention）。按结构化注意力分布维度的不同，注意力分为单层注意力（flat attention，即扁平注意力、主动注意力）、多层注意力（hierarchical attention，即层次注意力、分层注意力）、注意力再注意力（Attention over Attention，AoA）和多粒度（multi-granularity）注意力；多层注意力模型可以按权重是自顶向下学习还是自底向上学习的方式，或者多特征表示（multi-representation）还是多维度（multi-dimension）进行划分。按多层注意力的解码过程中权重是否更新变化的不同，注意力分为静态（static）注意力和动态（dynamic）注意力。注意力计算过程中包含查询流（query stream）和上下文流（context stream）或内容流（content stream）或者时间（temporal）和空间（spatial）网络称为双向注意力流（bidirectional attention flow）或双向注意力（bi-attention）或双流（two-stream）注意力。注意力计算过程中包含逐字流（word-by-word flow）、逐片流（span-by-span flow）和上下文流（contextual flow）或者时间、空间和门控融合（gated fusion）称为多流（multi-flow or multi）注意力。

按骨干网络架构的不同，注意力模型分为循环（神经网络）注意力模型（recurrent attention model or RNN attention model）、前馈网络注意力模型（feed-forward network attention model）、端到端记忆网络注意力模型（end-to-end memory network attention model）和变换器注意力模型（Transformer attention model）。

2.3.2 序列到序列的注意力模型

目前，深度神经网络语言模型都是基于编码器-解码器架构，例如，两个循环神经网络的变种：循环神经网络编码器-解码器（RNN encoder-decoder）模型和序列到序列（sequence to sequence，seq2seq）模型，它们比单独的 LSTM 模型效果更好。序列到序列模型的核心思想是通过深度神经网络将一个作为输入的序列映射为一个作为输出的序列，这一过程由编码输入与解码输出两个环节构成，一个典型实现是编码器和解码器各由两个循环神经网络构成，编码器对用 A 语言输入的句子 x 编码后，作为解码器隐藏层的初始输入，解码成 B 语言表达的目标句子 y，作为输出。这种模型是条件性语言模型（conditioned language model）的例子，因为对序列 x 编码后作为第二个循环神经网络的隐含层输入的条件。

序列到序列模型在编码时输入序列的全部信息压缩到了一个向量表征中，随着序列增长，句子越前面的词的信息丢失就越严重；同时，当前词及对应的源语言词的上下文信息和位置信息在编解码过程中丢失了。引入神经注意力机制可以帮助编码器-解码器架构更好地学习到数据之间的很隐蔽也很复杂的相互关系，从而更好地表征这些信息，克服编码器-解码器架构无法解释从而很难设计的缺陷。神经注意力机制非常适合于推理不同数据之间的相互映射关系，尤其是对无监督数据、认知先验极少的问题，显得极为有效。

序列到序列的注意力（seq2seq with attention）模型的核心思想是在解码的每一个时步，专注于输入序列的某几个单词；在解码时，重点对第一个单词做关注，并把它和上一个 RNN 的输出结合预测 y1。这样意味着编码器不传递编码阶段的最后一个隐藏层状态，而是将所有的隐藏层状态传递给解码器；解码器查看接收到的一组编码器隐藏层状态、给每个隐藏层状态一个分数、将每个隐藏层状态乘以 softmax 的分数，从而放大得分高的隐藏层状态，淹没得分低的隐藏层状态。注意力模型在极大地提升了性能的同时解决了语言瓶颈、梯度消失问题，并且可以自动学得单词间的对齐关系。图 2.1 是序列到序列的注意力模型网络架构图，左侧是编码器，右侧是解码器。

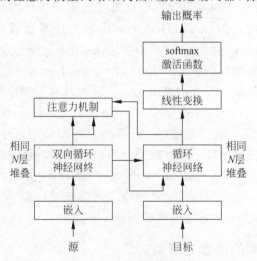

图 2.1 序列到序列的注意力模型网络架构图

2.3.3　变换器模型

自然语言处理主流的三大神经网络架构有卷积神经网络（Convolutional Neural Network，CNN）语言模型，循环神经网络（Recurrent Neural Network，RNN）语言模型，双向循环神经网络、长短期记忆网络语言模型和变换器（Transformer）模型。卷积神经网络易于并行化，却不适合捕捉变长序列内的依赖关系；循环神经网络适合捕捉长距离变长序列的依赖，但是却难以实现并行化处理序列，这也包括长短期记忆网络（LSTM）、双向长短期记忆网络（Bidirectional LSTM，BLSTM）、门控循环神经网络（Gated Recurrent Neural network，GRN）等模型在内。Transformer 模型利用自注意力机制实现了并行化捕捉序列依赖，并且同时处理序列的每个位置的分词标记，使其在性能优异的同时大大减少了训练时间。

Transformer 模型仍然是编码器-解码器架构，但未使用卷积神经网络、循环神经网络、长短期记忆网络、门控循环神经网络等结构。基于注意力的序列到序列模型处理过程是编码器逐字或字符接收源输入序列，整合源输入序列中的信息并基于注意力机制计算生成上下文向量，然后解码器再基于上下文向量逐字生成目标输出序列。Transformer 模型的架构与序列到序列的注意力模型的区别主要在于以下三点：第一，完全依赖于自注意机制来计算输入和输出之间的全局依赖关系表征的直推模型。第二，在编码器和解码器中每一层都增加（基于）逐个位置（position-wise）全连接前馈网络和相加及归一化（add and norm）层。第三，位置编码用于嵌入时向序列单元里添加位置信息（自注意力层并没有区分序列单元的顺序）。

Transformer 模型的编码器是由 6 个完全相同的层堆叠而成，每一层有两个子层。第一个子层是多头自注意力机制层，第二个子层是由一个简单的、按逐个位置进行全连接的前馈神经网络。在两个子层之间通过残差网络结构进行连接，后接一个层正则化层。可以得出，每一个子层的输出通过公式可以表示为 LayerNorm$(x+$Sublayer$(x))$，其中，Sublayer(x) 函数由各个子层独立实现。为了方便各层之间的残差连接，模型中所有的子层包括嵌入层，固定输出的维度为 512。Transformer 模型网络架构如图 2.2 所示。

Transformer 模型的解码器也是由 6 个完全相同的层堆叠而成。除了编码器中介绍过的两个子层之外，解码器还有第三个子层，用于对编码器对的输出实现多头注意力机制。与编码器类似，使用残差架构连接每一个子层，后接一个层正则化层。对于解码器对的掩码自注意力子层，原论文对结构做了改变来防止当前序列的位置信息和后续序列的位置信息混在一起。这样的一个位置掩码操作，再加上原有输出嵌入端对位置信息做偏移，就可以确保对位置 i 的预测仅依赖于已知的位置 i 之前的输出，而不会依赖于位置 i 之后的输出。

Transformer 采用多头自注意力（multi-head self-attention）机制通过联合处理来自序列中不同表征子空间的不同位置的信息来计算序列语义表征，利用不同的自注意力模块获得文本中每个词在不同语义空间下与原始词向量长度相同的上下文语义向

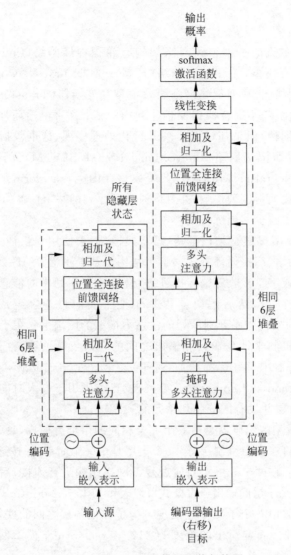

图 2.2 Transformer 模型网络架构图

量，在一系列任务中都表现很好，包括阅读理解、摘要抽取、文本内含理解和任务无关的语句表征等。多头自注意力的定义为：

$$\mathrm{MH}(Q,K,V) = \mathrm{Concat}(\mathrm{head}_1, \mathrm{head}_2, \cdots, \mathrm{head}_h)W^o$$

其中，$Q,K,V \in \mathbb{R}^{n \times d_m}$ 代表输入序列的查询（query）、键（key）、值（value）嵌入矩阵，n 为序列的长度，d_m 为嵌入维度，h 为并行计算头的数量，通过 h 个不同的线性变换对查询、键、值进行投影，将不同的注意力计算结果拼接在一起。每个头的定义为：

$$\mathrm{head}_i = \mathrm{Attention}(QW_i^Q, KW_i^K, VW_i^V) = \mathrm{softmax}\left[\frac{QW_i^Q(KW_i^K)^{\mathrm{T}}}{\sqrt{d_k}}\right]VW_i^V$$

其中，$W_i^Q, W_i^K \in \mathbb{R}^{d_m \times d_k}$、$W_i^V \in \mathbb{R}^{d_m \times d_v}$、$W_i^O \in \mathbb{R}^{hd_v \times d_m}$ 代表学习矩阵，对查询、

键、值嵌入矩阵进行 h 次不同的投影，d_k 和 d_v 为投影子空间的隐藏层映射的维数，然后经过按比例缩放点积注意力拼接在一起，最后通过一个线性映射输出。自注意力就是上下文映射矩阵 $P \in \mathbb{R}^{n \times n}$。Transformer 模型使用矩阵 P 根据序列中所有令牌的组合来捕获给定分词标记的输入上下文。对两层注意力 Transformer 模型的计算过程进行逆向工程发现，Q、K、V 注意力头组合（composition）创建的感应头（induction head）是模型实现上下文学习的根本机制，组合创建的虚拟头（virtual head）在更大、更复杂的 Transformer 模型中可能起到更为重要的作用。

Transformer 模型架构具有学习长期依赖关系的潜力，优点是可以解决长距离依赖问题，缺点是将源序列的所有必要信息都编码压缩为固定长度的向量，这导致中间语义向量无法完全表达整个输入序列的信息，在语言建模的设置中受到固定长度上下文的限制；随着输入信息长度的增加，由于向量长度固定，先前编码好的信息会被后来的信息覆盖，丢失很多信息；此外，Transformer 模型计算复杂度高、计算量较大。

2.3.4　"X-former"改进模型

注意力机制和变换器模型架构在自然语言处理、计算机视觉和强化学习等一系列人工智能领域取得了广泛的成功。尽管注意力机制和 Transformer 模型在一定程度上缓解了长序列信息丢失问题，然而效果表现还可以更好，计算复杂度可以更低。围绕着 Transformer 的改进模型多以"X-former"形式命名：超长变换器（Transformer-XL）、星状结构变换器（Star Transformer）、树状结构变换器（Tree Transformer）、二分结构变换器（Binary Partitioning Transformer，BP-Transformer）、多尺度结构变换器（multi-scale Transformer）、高效可逆变换器（Reformer）、常识变换器（commonsense Transformers，COMET）、线性复杂度变换器（Linformer）、双重意图和实体变换器（Dual Intent and Entity Transformer，DIET）、长序列时间序列预测变换器（informer）、长文档变换器（Longformer）、漏斗变换器（Funnel-Transformer）、大鸟（Big Bird or BIGBIRD）、Performers、FastFormers、残差注意力层变换器（residual attention layer Transformer network，RealFormer）、开关变换器（switch Transformers）、Nyströmformer、旋转式位置编码变换器（rotary Transformer，RoFormer）、RoFormerV2、傅里叶变换网络 FNet、Hi-Transformer、Fastformer、Smart Bird、仅采样一次变换器（You Only Sample（almost）Once，YOSO）、FLASH、DeepNet 等。这些"X-former"通过针对性的改进来进一步提高在文本分类、实体名识别等自然语言任务上的性能。

2.4　自监督学习

自然语言处理的表征学习有很多种形式，如卷积神经网络参数的监督（supervised）训练是一种监督的表征学习形式；对自编码器和限制玻尔兹曼机参数的无监督（unsupervised）预训练是一种无监督的表征学习形式；对深度信念网络参数先进行无监督预训练,再进行有监督微调是一种半监督(semi-supervised)的共享表征学习形式。早期的无监督预训练模型中一些对无监督任务学习到的有用特征也可能对监督学习任务有用。

　　纯粹的监督学习是通过神经网络来表征一个句子,然后通过分类任务数据集去学习网络参数;而纯粹的无监督学习是通过上文预测下文来学习句子表征,利用得到的表征进行分类任务,例如,聚类、降维、异常值检测、自编码器。纯监督学习和纯无监督学习都存在各自的瓶颈,为了摆脱人为监督的束缚,神经网络架构转向了数据的自监督。自监督(self-supervised)学习是利用辅助任务(pretext)从大规模的无监督数据中挖掘自身的监督信息,通过这种构造的监督信息对网络进行训练,从而可以学习到对下游任务有价值的表征,例如,BERT、MASS、BART 等模型都是自监督学习。自监督学习是学习归纳偏差的有效方法,自监督学习最主要的目的就是学习到更丰富的语义表征,自监督的预训练在各种自然语言理解任务中已经取得了巨大的成功。

2.5　迁移学习技巧方法

　　按照源领域知识解决目标领域任务的方法不同,深度迁移学习可以分为数据偏移、领域自适应(简称"域适应")、多任务学习、一次性学习和零样本学习。按照源领域和目标领域在特征空间、类别空间、边缘分布、条件分布的异同,深度迁移学习可以分为同构迁移学习(homogeneous transfer learning)和异构迁移学习(heterogeneous transfer learning);同构迁移学习的源领域和目标领域之间的特征空间相同,数据偏移(data shift)、域适应(domain adaption)、多任务学习都属于同构迁移学习。其中,源领域和目标领域之间的边缘概率分布和条件概率分布都不同则称为数据集偏移,源领域和目标领域之间的边缘概率分布不同而条件概率分布相同则称为域适应,源领域和目标领域之间的边缘概率分布相同而条件概率分布不同则称为多任务学习。异构迁移学习的源领域和目标领域之间的特征空间不同,例如,跨语种文本分类。

　　绝大多数自然语言处理的问题可以划入 4 类任务:单句分类(classification)、句对分类或语义相似度(entailment)、序列标注(tagging)、文本生成(generation),这 4 类任务既有区别也有联系。迁移学习通过预训练得到的语言理解模型,下游任务从预训练网络模型中提取对应词嵌入的向量作为特征,再使用迁移学习技巧(例如微调网络)作为新特征补充到下游任务,这样做将不同类型的任务联系到一起。迁移学习就好像将某一个事物转换成符合本地特定要求的本地化过程,例如,正宗的菜品经过改良符合本地口味;再如,原创歌曲经过重新编曲改词或经过翻唱,可以表达出不同的情绪。

　　自然语言处理迁移学习的训练技巧和调参方法有 4 种:基于特征迁移、基于参数迁移、基于模型迁移和基于领域知识迁移。基于特征迁移是找到一些好的有代表性的特征,通过特征变换把源域和目标域的特征转换到相同的空间,使得这个空间中源域和目标域的数据具有相同的分布,例如 ELMo 模型。基于参数迁移假设源域和目标域之间共享一些参数的先验分布,要么把预训练模型当作特征提取器,冻结网络的前几层参数,针对最后一个隐藏层或输出层进行微调,更新网络结构的后面几层和最后的全连接层,或把最后一层全部替换为下游任务的分类器进行输出;要么把相同的预先训练模型参数被用来初始化不同的下游任务模型,然后微调所有参数,例如 BERT 模型。基于模型迁移是冻结模型权重对模型进行特定任务或特定领域的微调。基于领域知识迁移需要对模型进行后训练。特征可提取性可以看作是一种归纳偏差(inductive bias),预训练的特征可提取性越高,模型在微调时采用该特征所需的统计证据就越少。

迁移学习的效果与任务中的数据关系密切,源域数据集与目标域数据集相似度较高(分布一致)时,适合采用特征或参数迁移,目标域数据集越大效果越好,数据集较小存在过拟合问题;域数据集与目标域数据集差异很大(分布不一致)时,适合采用后训练或从头训练。一次性学习(one-shot learning)和零数据学习或零样本学习(zero-shot learning)都是迁移学习的一种变体。

2.6 BERT 预训练语言模型

谷歌人工智能语言团队发表的基于变换器的双向编码器表征(Bidirectional Encoder Representation from Transformers,BERT)模型有两个版本,arXiv. org 上的预印本 v1 版本发布于 2018 年 10 月 11 日,v2 版本发布于 2019 年 5 月 24 日,两个版本的主要区别是 v2 版本增加了附录,披露了 BERT 模型训练、微调、对比、实验环境、消融研究的细节;2019 年 4 月获得国际计算语言学协会北美分会-人类语言技术(2019 North American chapter of the Association for Computational Linguistics - Human Language Technologies,NAACL-HLT 2019)最佳长论文(best long paper)。BERT 模型的架构是基于双向变换器编码器的堆叠,其取得成功的关键因素是利用多层变换器中的自注意力机制提取不同层次的语义特征,具有很强的语义表征能力,包含两种模型大小的基础 BERT($BERT_{BASE}$)和大号 BERT($BERT_{LARGE}$),其中 $BERT_{LARGE}$ 是最优模型。2018 年 11 月 3 日,谷歌官方在开源社区 GitHub 的源代码仓库上发布了多语种 BERT(multilingual BERT,mBERT or M-BERT)和中文 BERT(BERT-Base,Chinese,本书中改写为 $BERT_{BASE}$ Chinese),多语种 BERT 推荐使用 11 月 23 日发布的 BERT-Base,Multilingual Cased 版本。2019 年 5 月 31 日,谷歌官方 GitHub 上发布了 BERT-Large(Original)的重要更新版本,将原预训练阶段的训练样本生成策略更改为全词掩码或整词掩码,原先版本基于词块(wordpiece)模型的分词方式把一个完整的词切分成若干个子词,在生成训练样本时,被分开的子词会随机被掩码;而对于"BERT-Large,Uncased / Cased(Whole Word Masking)"(cased 区分大小写意味着保留真实的大小写字母和重音标记符,uncased 是指文本在词块标记化前都是小写字母)来说,如果一个完整的词的部分词块的子词被掩码,则同属该词的其他部分也会被掩码,即全词掩码。

谷歌官方 GitHub 源代码仓库提供 32 个 BERT 模型版本,如表 2.1 所示,将变换器子模块(Transformer block)的层表示为 L,隐藏层大小表示为 H,自注意力头的数

量表示为 A，前馈网络过滤器的大小设置为 $4H$；$\text{BERT}_{\text{BASE}}$：$L=12, H=768, A=12$，总参数量 110M 个，与变换器相当（编码器 $L=6$、$H=512$、$A=8$），以便比较性能；$\text{BERT}_{\text{LARGE}}$：$L=24, H=1024, A=16$，总参数量 340M 个。

表 2.1　谷歌官方 GitHub 源代码仓库提供的 32 个 BERT 模型版本

模　　型	层数	隐藏层	自注意力头	参数
BERT-Large,Uncased(Whole Word Masking)	24	1024	16	340M
BERT-Large,Cased(Whole Word Masking)	24	1024	16	340M
BERT-Base,Uncased	12	768	12	110M
BERT-Large,Uncased	24	1024	16	340M
BERT-Base,Cased	12	768	12	110M
BERT-Large,Cased	24	1024	16	340M
BERT-Base,Multilingual Cased(104 个语种)	12	768	12	110M
BERT-Base,Multilingual Uncased(102 个语种,不推荐)	12	768	12	110M
BERT-Base,Chinese(简体和繁体中文)	12	768	12	110M
BERT-Medium	8	512	—	—
BERT-Small	4	512	—	—
BERT-Mini	4	256	—	—
BERT-Tiny	2	128	—	—
除 Base、Medium、Small、Mini、Tiny 之外，$L=2,4$、$6,8,10,12$ 和 $H=128,256,512,768$ 的 19 种组合	—	—	—	—

　　BERT 模型的训练分为两阶段，预训练阶段在大量通用领域的语料上学习网络参数，使用英文书籍语料库（BooksCorpus）8 亿个词和英文维基百科（English Wikipedia）25 亿个词（$\text{BERT}_{\text{BASE}}$ Chinese 则使用中文常用字表），这些语料包含大量的文本，能够提供丰富的语言相关现象。微调阶段使用"任务相关"的标注数据对网络参数进行微调，不需要再为目标任务设计特定任务网络从头训练。

　　BERT 模型的输入编码向量（序列最大长度是 512）是标记嵌入（token embedding）向量、分段嵌入（segment embedding）向量和位置嵌入（position embedding）向量三部分的总和；标记嵌入就是词嵌入（子词向量），分段嵌入就是句子嵌入（指出词属于哪个句子），位置嵌入就是词在句子中的位置，这与变换器不同，变换器中是预先设定好的值；对于中文来说，标记嵌入其实是字嵌入。首先使用词块嵌入模型对原始文本进行分词，每个序列的第一个分词标记总是一个特殊的分类标记（[CLS]，为 classification 的缩写），与此分词标记对应的最终隐藏状态被用作分类任务的聚集序列表征。输入的两个句子先用一个特殊的标记（[SEP]，为 sentence pair 的缩写）分隔句对，然后分段标记分词属于句子 A 还是句子 B，分段符号也会经过一个线性变换映射成与标记嵌入向量一致的分段嵌入向量 E_A 和 E_B，单句输入的嵌入向量就为 E_A。词块模型将词拆分为一组有限的子词（sub-word）单位，[CLS]和[SEP]分别会插入到分词结果的开头和结尾处。接下来对每个分词标记按顺序编号，以固定方式给每个分词标记编入位置信息向量。

预训练阶段,BERT 模型的预训练建模(表征学习)目标是掩码语言模型(masked language model)和前后句预测(Next Sentence Prediction,NSP)。第一个表征学习目标是根据上下文语境预测被掩码([MASK])标记随机掩码位置的原始词汇,这样就可以训练出深度双向表征,其隐含目标是最大化联合概率分布 $p(m|x)$,其中,m 代表被[MASK]标记的掩码分词集合,x 代表整个序列,BERT 模型假设不同的 m 之间是相互独立的,而忽略了不同 m 之间的相关性。第二个表征学习目标是给定一篇文章中的句对,判断第二句话在文本中是否紧跟在第一句话之后,训练一个语句预测的二分类任务(是或否),来理解句子关系。BERT 模型对以上两个任务联合训练,使模型输出的词向量表征都能尽可能全面、准确地刻画输入文本(单句或句对)的整体信息,为后续的微调任务提供更好的模型参数初始值。

微调阶段,BERT 转移所有参数来初始化最终任务模型参数,不同的任务采取不同的微调方法。由于预训练环节对语料使用掩码,而微调环节未使用掩码标记,导致两个阶段的训练数据分布不一致,而使得微调的效果不佳。更多 BERT 内部表征机制解读、逐头逐层探测可视化、消融实验和可解释性分析的相关内容详见 1.4.1 节。

小结

为了充分训练深度学习模型参数并防止过拟合,通常需要更多标注数据,然而标注数据是一个昂贵资源。预训练模型在庞大的无标注数据上进行预训练可以获取更通用的语言表征,训练代价较小并有利于下游任务;为模型提供了一个更好的初始化参数,在目标任务上具备更好的泛化性能,并加速收敛;是一种有效的正则化手段,避免在小数据集上过拟合(一个随机初始化的深层模型容易对小数据集过拟合)。预训练语言模型通常有两个大类型,一类是编码器,用于自然语言理解,输入整个文章,用于自然语言理解;另一类是解码器,用于自然语言生成。这两类模型有所区别。

现有的预训练语言模型采用自编码和自回归目标训练基于变换器模型,使用一些掩码标记从受损文本(corrupted text)中恢复原始单词标记。预训练是指预先训练的一个模型或者指预先训练模型的过程。微调是指将预训练过的模型作用于特定任务的数据集,并使参数适应数据集的过程。迁移学习源域是一个半监督训练过程(对未标记数据进行预训练,并针对有监督的下游任务进行微调),迁移学习目标域是一个在标注数据集上的监督训练过程。然而,在一些很难利用半监督学习的极端情况下,仍然需要自监督学习。因为一旦自监督产生良好初始化,网络就可以从预训练任务中受益,学习到更通用的表征形式。

第**3**章

视频讲解

面向中文金融文本情绪分类的
预训练模型对比

3.1 模型对比目的

2019—2021年的两年多时间里,中文预训练语言模型爆发性增长,诞生了很多已预训练中文预训练语言模型,既有面向不同任务的通用模型,也有面向特定任务优化的专门模型;预训练使用的语料知识既有通用领域,也有特定领域。句子级短文本情绪分类的已有方法都有一个前提假设:假设一个单句中只表述了一种感情、情绪或观点。这一假设导致模型只能判断句子整体层面陈述级的情绪,会忽略细节,只适用于常规型观点的句子,对包含多种情绪的单句不适用。

本章的目的是针对中文金融文本情绪分类任务,对当前主流的预训练语言模型,旨在通过模型效果对比,分析每个模型的优缺点,更加深入地了解其原理,剖析每个模型效果好坏的内部机制,达到以下模型对比目的。

第一,比较不同的中文预训练语言模型的骨干网络架构、特征提取方法、关键参数、训练语料库等规律和差异。

第二,运用不同的预训练语言模型软件框架实现技术、不同的分类任务关键评估指标的评估方法。

第三,通过评测结果的对比分析与剖析,选择出合适的模型在第 3、4 章进行模型改进。

3.2 项目技术原理

本章项目技术原理就是预训练语言模型关键技术,详见第 2 章。

3.3 对比实现方法

本章项目运用到的实现方法有描述性统计方法、统计量分析方法、Python 软件库调用方法、软件框架应用程序编程接口编程方法、深度学习预测方法、预训练语言模型微调方法、分类任务评估指标评估方法等。

3.4 标准流程步骤

跨行业数据挖掘标准流程(Cross-Industry Standard Process for Data Mining, CRISP-DM)是数据分析产业应用事实标准,是分析、数据挖掘和数据科学项目中最受欢迎的方法,在各种已有数据库知识发现(Knowledge Discovery in existing Databases, KDD)过程模型中占据重要位置,包括业务理解(business understanding)、数据理解 (data understanding)、数据准备(data preparation)、建模(modeling)、评估 (evaluation)、部署(deployment)等数据挖掘和分析项目生命周期的 6 个步骤,工作处理流程如图 3.1 所示,所有步骤本质上都是迭代的。按照 CRISP-DM 方法就能够追踪数据挖掘和分析项目,这与具有不同生命周期模型的软件工程项目类似。

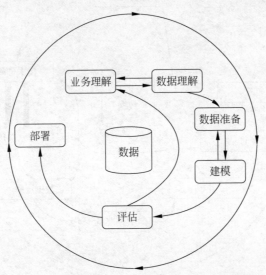

图 3.1 CRISP-DM 参考模型工作处理流程

然而,CRISP-DM 没有指定生产场景中的数据采集阶段(data acquisition phase),

数据科学家和工程师经常花费大量的时间来定义进行有用实验的技术和质量要求。工程应用的数据挖掘方法（Data Mining Methodology for Engineering applications, DMME）是专为工程应用而设计的 CRISP-DM 方法学的整体扩展，在数据理解步骤前增加了技术理解和概念化（technical understanding & conceptualization）、技术实现和测试（technical realization & testing）两个步骤，在部署步骤中增加了一个技术实施（technical implementation）任务，如图 3.2 所示，为工程领域内的数据分析提供了沟通和规划基础。

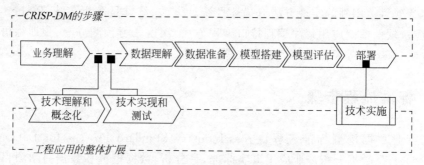

图 3.2　DMME 在 CRISP-DM 上新增的步骤和任务

图 3.3 为 DMME 参考模型工作处理流程。

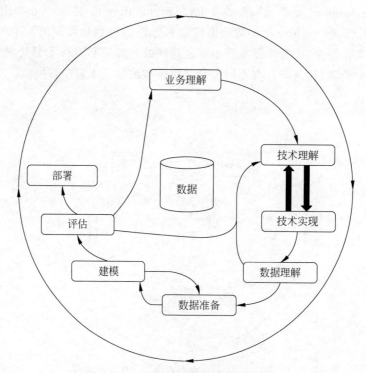

图 3.3　DMME 参考模型工作处理流程

本书符合 CRISP-DM 和 DMME 参考模型的方法。第 1 章是业务理解的步骤,第 2 章是技术理解和概念化的步骤,第 3～5 章涉及技术实现和测试、数据理解、数据准备、评估的步骤,第 4、5 章还涉及建模的步骤。

本章项目具体的操作步骤是,首先对中文金融文本情绪分类标注语料库进行数据采集和数据集成,然后进行数据划分和描述性统计分析,选择合适的开源中文预训练模型,对模型实现和评估,最终对评测结果进行汇总分析。

3.5　自建(评测)标注语料库

按开放方式不同,数据集(dataset)可以分为公开数据集和(非公开)私有(个人)数据集。公开数据集一般是由研究所、比赛举办方或公共机构公开发布,用来协助算法建模研究,适用于模型评测、结果比较和复现;使用公开数据集得出的结论往往更具说服力,便于审稿人对公开发表论文的评审,容易得到业内人士的认可,成为业内公开评测模型性能的基准数据集(benchmark dataset),从而得到当前最佳模型排行榜,数据使用者必须遵守数据集所有者的协议要求。公开数据集的缺点是尽管已经进行脱敏处理来保护个人隐私安全,但仍要避免隐私攻击(恶意攻击者可以发现公开数据集中看似匿名或随机采样的信息链接到特定的个人);而且,公开数据集不可能覆盖所有应用领域,无法满足所有研究问题的需求,比如特定领域文本或限定条件下的标注或分析等,因此在很多分支领域的应用时仍然需要特定的私有数据集。

语料库(corpus,复数形式 corpora)是自然语言处理和语料库语言学(corpus Linguistics)领域的数据集,指在为特定的应用目标而对真实出现过的语言材料专门收集加工、可被计算机程序分析的文本或文档集合,数据结构类型一般都是非结构化数据或半结构化数据。在自然语言处理实践中,大多数情况下,语料库的选择决定了任务的成败。常用的情绪分类评测基准语料库有:英文情绪语料库有斯坦福情绪树库-情绪二分类(Stanford Sentiment Treebank-binary sentiment classification,SST-2)、康奈尔大学庞博提供的影评语料库(movie review data)、互联网电影资料库电影评论语料库(Internet Movie DataBase,IMDB)、国际语义评测大会-2014(international workshop on Semantic Evaluation-2014,SemEval-2014)任务 4 方面级情绪分析笔记本电脑和餐厅特定领域、子任务 2 方面词语级情绪极性分类、子任务 4 方面类别级情绪极性分类语料库、任务 9 推特情绪分析语料库、Yelp 美国商户点评网站餐厅评论语料库、国际语义评测大会-2016 任务 5 方面级情绪分析笔记本电脑、餐厅和酒店特定领域评论语料库、城市社区问答平台方面级对象抽取语料库 SentiHood、亚马逊笔记本电脑评论语料库、数百万条亚马逊客户评论(输入文本)和星级评级(输出标签)数据集、包含正负向、中性、显/隐式表达、讽刺等多视角情绪语料库、金融短语库(Financial PhraseBank)、分析报告文本(analyst report text)、金融意见挖掘和问答 2018 任务 1 方面级金融情绪分析(FiQA 2018 Task 1)数据集,等等;中文情绪语料库有第一至第八届中文倾向性分析评测的语料库(the first to eighth Chinese Opinion Analysis Evaluation,COAE2008—

2016）、携程网酒店评论语料库（ChnSentiCorp_htl_all）、第三届中国计算机学会自然语言处理与中文计算会议评估任务 1：情感分析中文微博文本（evatask1）、评估任务 2：深度学习的情绪分类（evatask2）、微博情绪分类技术评测通用微博数据集和疫情微博数据集、金融领域实体级细粒度情感分析语料库，等等。然而，目前未能找到公开的已标注中文金融文本情绪分类语料库，因此本书使用私有数据集来评测模型。

本书遵照《GB/T 36344—2018 信息技术 数据质量评价指标》——"规范性、完整性、准确性、一致性、时效性、可访问性"，选择自己创建标注小型句子级情绪分类语料库，既用于模型微调，也用于模型评测（即公开性能评估数据），标注情绪语料库创建过程如下。

第一，采集数据。利用网页超文本标记语言（Hyper Text Markup Language，HTML）源代码中层叠样式表（Cascading Style Sheets，CSS）定义的网页元素信息（如 class、id 等），使用 Python 网页爬虫框架 requests 软件库/工具包提取指定网站的指定原始内容，提取的内容即为样本。本书提取的是互联网上的中文金融或财经网站真实金融新闻（主要是上市公司股票新闻）的主标题，这些网站包括金融界（http://www.jrj.com.cn）、中国经济网（http://www.ce.cn）、证券时报网（http://www.stcn.com）、和讯网（http://www.hexun.com）、中财网（http://www.cfi.cn）等，发布日期为 2018—2020 年，整理去重并保存为每行一个句子、无空行（one-sentence-per-line without empty lines）的一个文本文件。

第二，标注数据。选取部分采集数据，使用人工标注方法，手动将每条新闻主标题归入"利多"（看涨）、"利空"（看跌）和"其他"（持平）三种不同类别的情绪，在每个标题前标注类别并用特殊符号"|||"分隔。

第三，保留少量操作误差、主观误差或脏数据（不完整、含噪声、不一致的数据）。真实的标注数据集往往是不完美的，存在人为造成的误解、误读、误算或者没有意义的数据。本语料库中包含非金融领域的新闻主标题、与金融知识不相关的词和符号（例如，［快讯］、【图解】、(2019)）、空格或未标注的语料。

该评测标注语料库（表 3.1）必须是目标域小样本（few-shot）或处于少资源（low resource）情景，符合金融领域高质量的标注数据十分稀缺的真实情景，这也是当前自然语言处理研究重点关注的领域。同时，避免样本单一，得出结论不牢固。显然，该语料库来自互联网公开数据，不涉及国家秘密、商业秘密、个人隐私和他人知识产权或其他合法权利问题。

表 3.1　标注语料库概览

语料源	语料库格式	语种	领域	任务	是否标注	用途
股票新闻主标题	txt	中文	金融	情绪分类	已标注	模型评测

该标注语料库的示例说明见表 3.2，更多语料库样本示例详见附录 A.1，描述性统计分析见 3.7 节。

表 3.2　标注语料库示例说明

语料库示例	说　明
利多‖‖天利中期多赚逾 7 倍 现升逾 20％	正向情绪句
利空‖‖粤传媒：公司收到行政处罚告知书	负向情绪句
其他‖‖欧陆通：选举李德华为职工代表监事	中性情绪句

3.6　数据集划分

在传统机器学习模型中，通常将原始数据集划分为三个部分：训练集（training set），用于训练模型（计算梯度、更新权重）；验证集（validation set），用于选择模型；测试集（testing set），用于评估模型（判断网络性能优劣）；且划分要尽可能保持数据分布的一致性。其中，验证集的作用是防止过拟合，在训练过程中，用验证集来确定一些超参数。

在预训练语言模型中，标注语料库用于微调，由于标注语料库样本量较小（通常小于 10 000 个），属于小数据，因此采用留出法（holdout method）将数据集划分为训练集和测试集，按文本行数取前 75％ 行数的语料作为训练集，剩余 25％ 行数的语料即为测试集，并将两个数据集的数据分布特征调整相似。

3.7　描述统计分析

3.7.1　语料库统计量描述

对标注语料库进行常用统计度量的计算和可视化：各类别标签的样本量和所占百分比、文本长度句数分布、词频排序、词云等。

按照 3.5 节和 3.6 节的方法进行操作，得到本书的标注语料库。标注语料库的样本容量为 2346 条，其中，596 条“利多”类别样本、959 条“利空”类别样本、789 条“其他”类别样本，以及特意保留“未标注”类别样本量 2 条。图 3.4 是 4 个类别样本量的条形图。

标注语料库有 4 个类别，其中，“利多”类别样本所占百分比（以下简称“占比”）为 25.4％、“利空”类别样本占比 40.9％、“其他”类别样本占比 33.6％，以及特意保留的未标注样本占比 0.1％。图 3.5 是 4 个类别样本的条形图。

标注语料库中包含若干个单句，除去“利多”“利空”“其他”三个类别和分隔符“‖‖”，每个单句以换行符分隔（结尾），先计算出每个单句包含的字数，用横坐标表示字数、纵坐标表示相同字数的句子数量（句数），可以绘制出语料库不同句长度的句数条形（分布）图，如图 3.6 所示。其中，最长句 79 字，最短句 5 字，23 字数的句子最多、有 163 个句子，接近卡方分布（χ^2）。

词数（term count）是指一个词在一个文档中的出现次数，在两个及两个以上文档

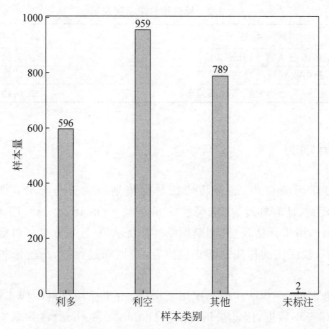

图 3.4　标注语料库各类别样本量条形图

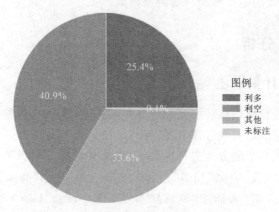

图 3.5　标注语料库各类别所占百分比饼图

比较时，这个度量指标可能会偏向文本长度长的文档。词频（term frequency）是指一个词在一个文档中出现的频率，词频是词数的归一化，避免了一个词虽然在长文档可能会比短文档有更高的词数，却无法准确度量该词重要性的情况。除去高频出现但是却没有真正的实际意义的词汇停用词（例如，中文的"一些""比如""对于"，英文的 the、is、are、to，以及标点符号），一个词的词频值随着它在一个文档中出现词数的增加而增加，在文档中出现频率高的词比出现频率低的词更有代表性，出现频率越高的词对文档的影响越大。词频的数学表达式如下。

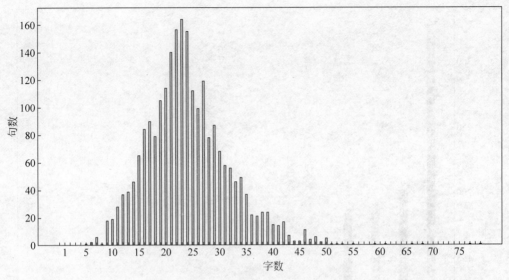

图 3.6 标注语料库不同句长度的句数条形图

$$TF = \frac{w_{ij}}{\sum\limits_{i=1,j=1}^{n,m} w_{ij}}$$

其中,n 表示一个文档(被中文分词后)包含的词数量,m 表示文档数量,i 表示词编号、取值范围为$[1,n]$,j 表示文档编号、取值范围为$[1,m]$,w_{ij} 表示 i 词在 j 文档中出现的次数,分母表示 m 个文档中所有词出现的次数之和。

将标注语料库中所有词按词频高低降序排列,使用 Python 中文分词工具包结巴中文分词(jieba 0.42.1,2020 年 1 月 20 日发布),输出前 15 位的词,绘制出标注语料库高频词前 15 位排序条形图,如图 3.7 和表 3.3 所示。

表 3.3　标注语料库的高频词前 15 位由高到低排序

排名	1	2	3	4	5	6	7	8	9	10	11	12	13	14	15
词语	股份	公司	公告	股东	控股	业绩	质押	科技	中国	集团	SZ	子公司	ST	增长	2018
词频	325	202	185	184	132	121	93	91	80	79	79	77	75	71	69

词云(word cloud)根据文本中关键词的出现频率显示不同的大小和颜色(或灰阶深度),频率越高字体越大颜色越醒目、予以视觉上的突出,形成"关键词云层"或"关键词渲染",从而过滤掉大量的文本信息,只要一眼扫过词云就可以领略文本的主旨。除去"利多""利空""其他"三个类别和分隔符"|||",标注语料库的词云如图 3.8 所示。

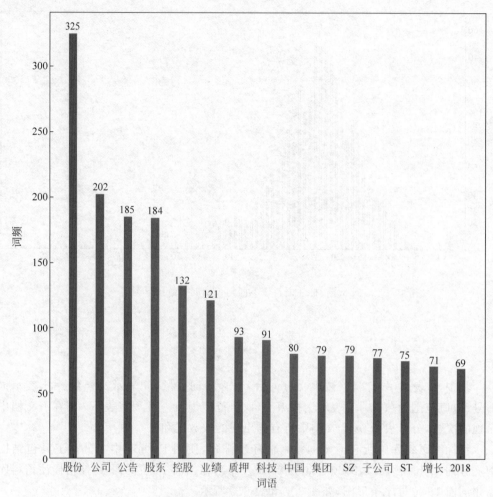

图 3.7 标注语料库高频词前 15 位由高到低排序条形图

图 3.8 标注语料库词云

3.7.2　训练集和测试集统计量描述

按照 3.6 节阐述的数据集划分方法,将标注语料库划分为训练集和测试集,使用与语料库统计量描述同样的方法对训练集和测试集进行统计量描述。

绘制训练集和测试集各类别样本量的对比条形图,如图 3.9 所示。

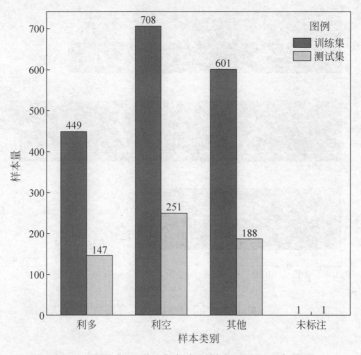

图 3.9　训练集和测试集各类别样本量的对比条形图

分别绘制训练集和测试集各类别所占百分比饼图对比,如图 3.10 所示。

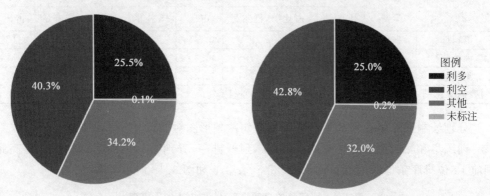

图 3.10　训练集(左图)和测试集(右图)各类别所占百分比饼图对比

绘制训练集和测试集各类别所占百分比的对比条形图,如图 3.11 所示。

将标注语料库及其划分的训练集和测试集的各类别样本量和占比统计数据汇总,

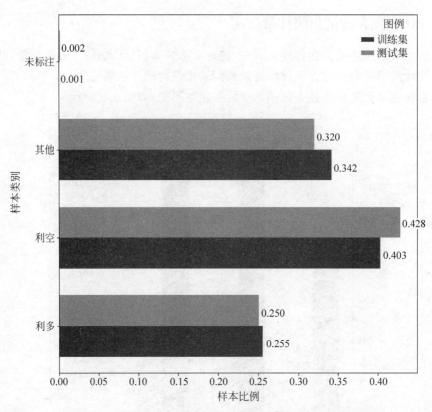

图 3.11　训练集和测试集各类别所占百分比的对比条形图

纳入表 3.4。

表 3.4　语料库及其划分的训练集和测试的样本容量、比例、各类别样本量和占比

统计量 数据集	样本容量	利多		利空		其他		未标注	
		样本量	占比	样本量	占比	样本量	占比	样本量	占比
语料库	2346	596	25.4%	959	40.9%	789	33.6%	2	0.1%
训练集	1759	449	25.5%	708	40.3%	601	34.2%	1	0.1%
测试集	587	147	25.0%	251	42.8%	188	32.0%	1	0.2%
两数据集比例	7.5∶2.5	7.5∶2.5		7.4∶2.6		7.6∶2.4		5∶5	

分别绘制训练集和测试集不同句长度句数条形图对比，如图 3.12 所示。

训练集和测试集中所有词按词频由高到低排序，分别绘制出训练集和测试集高频词前 15 位排序条形图进行对比，如表 3.5、表 3.6 和图 3.13 所示。

表 3.5　训练集的高频词前 15 位由高到低排序

排名	1	2	3	4	5	6	7	8	9	10	11	12	13	14	15
词语	股份	公司	股东	公告	控股	业绩	科技	集团	质押	子公司	中国	SZ	ST	2018	减持
词频	246	146	135	128	97	94	65	62	61	58	57	57	56	53	52

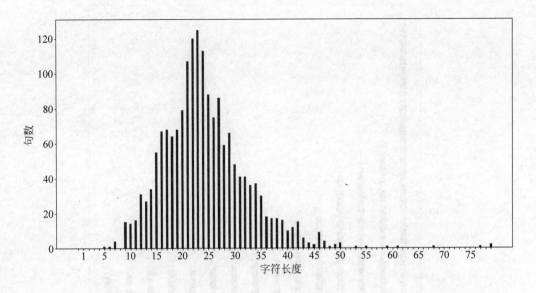

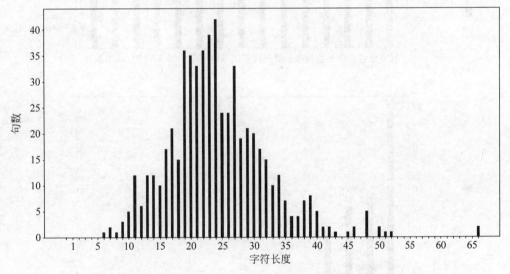

图 3.12　训练集(上图)和测试集(下图)不同句长度的句数条形图对比

表 3.6　测试集的高频词前 15 位由高到低排序

排名	1	2	3	4	5	6	7	8	9	10	11	12	13	14	15
词语	股份	公告	公司	股东	控股	质押	业绩	科技	中国	SZ	增长	净利	子公司	ST	资金
词频	79	57	56	49	35	32	27	26	23	22	20	19	19	19	18

　　分别绘制出训练集和测试集的词云进行对比,如图 3.14 所示。

　　将标注语料库及其划分的训练集和测试集的高频词前 10 位由高到低排序统计数据汇总,纳入表 3.7。

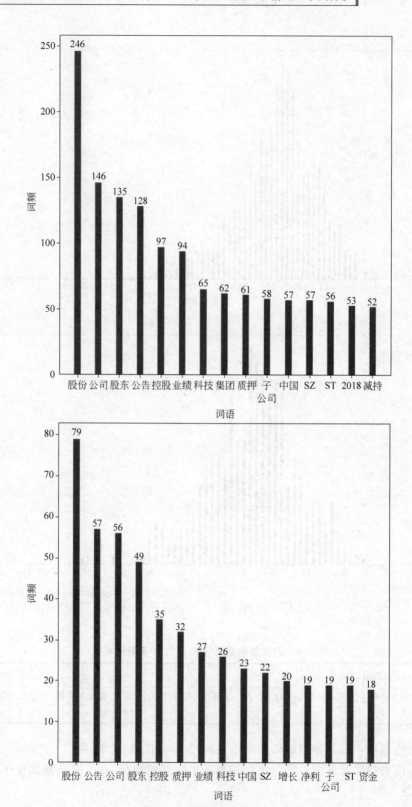

图 3.13　训练集（左图）和测试集（右图）高频词前 15 位排序条形图对比

图 3.14　训练集(左图)和测试集(右图)词云对比

表 3.7　语料库及其划分的训练集和测试的高频词前 10 位由高到低排序

排名	1	2	3	4	5	6	7	8	9	10
语料库	股份	公司	公告	股东	控股	业绩	质押	科技	中国	集团
训练集	股份	公司	股东	公告	控股	业绩	科技	集团	质押	子公司
测试集	股份	公告	公司	股东	控股	质押	业绩	科技	中国	SZ

3.7.3　统计分析

通过对标注语料库(即原始数据集)及其划分后的训练集和测试集的统计量计算,得到语料库(数据集)的统计信息,提取到了语料库的一些特征,可以从以下三个方面进行统计分析。

第一,类别分析。从表 3.4 可以看出,各类别样本占比均衡,说明不存在数据的类别不平衡(class imbalance)或类别倾斜(class skew)问题;训练集与测试集两数据集各类别的比例与样本容量的比较接近,说明训练集与测试集的类别样本划分比例合适。

第二,文本长度分析。从图 3.6 和图 3.12 可以看出,各数据集文本长度分布相近但不相同。

第三,词频分析。从表 3.7 或者图 3.8 和图 3.14 的比较中可以看出,各数据集词频基本一致,且都包含金融文本的关键词,但训练集不能完全覆盖测试集。

最终结论,可以认为原始数据集、训练集与测试集的特征空间相同且分布近似。

3.8　对比模型

本章项目选择当前主流的、代码开源的 28 个已预训练中文预训练模型(截至 2021年 10 月)进行评测,对比模型相关信息说明如表 3.8 所示。对比模型覆盖了原模型、调优模型和压缩模型,模型规模覆盖基础、中号、大号(base,mid,large),领域包括通用和特定,骨干网络架构包括 BoW＋bigram＋trigram、BiLSTM、Transformer 和高效变换器架构——Longformer("X-former"的一种),语言表征的上下文关联程度包括上下文无感表征和上下文感知表征。

表 3.8 对比模型说明

模型名称	论文发表年份	代 码 说 明
Chinese fastText	2016	来自 Facebook Research
simplified-Chinese ELMo	2018	来自 HIT-SCIR，使用 Chinese gigawords-v5 新华部分，而繁体中文 ELMo 使用中文维基百科
Chinese ULMFiT	2019	来自 bigboNed3（GitHub 账号），使用 2018 年中文维基百科语料（wiki2018-11-14）
$BERT_{BASE}$ Chinese	2018/2019	谷歌官方发布 BERT-Base，Chinese
$BERT_{LARGE}$ Chinese		谷歌官方发布 BERT-Large ＋ vocab
$BERT_{BASE}$-BiGRU-Attention	2020	云南大学信息学院 2019 级硕士研究生袁理在语义评测国际研讨会（SemEval-2020）任务 8 网络表情包情感分析的子任务 A 情绪分类代码
$BERT_{BASE}$-CNN-BiLSTM-Attention	2019	CNN-BiLSTM-Attention 代码来源 PatientEz（GitHub 账号）
$BERT_{BASE}$-BiLSTM-CNN-Attention	2020	BiLSTM-CNN 参考代码 usualwitch（GitHub 账号），引用论文中使用的是 $BERT_{BASE}$-LSTM-CNN 模型
$RoBERTa_{LARGE}$ Chinese	2019	来自中文语言理解测评基准组织
$ALBERT_{BASE}$ Chinese	2019/2020	谷歌官方发布 ALBERT-base
$BERT_{BASE}$-wwm-ext	2019	哈尔滨工业大学社会计算与信息检索研究中心 2018 级博士研究生崔一鸣发布
$RoBERTa_{LARGE}$-wwm-ext		
$MacBERT_{BASE}$	2020	
$ELECTRA_{LARGE}$ Chinese	2020	
$XLNet_{MID}$ Chinese	2019/2020	崔一鸣基于卡内基·梅隆大学语言技术研究所 2020 届博士毕业生戴子行代码发布
$Longformer_{BASE}$ Chinese	2020	来自 Hugging Face
ERNIE1.0 Base	2019	百度 ERNIE
ERNIE Tiny	2019/2020	基于百度 ERNIE 2.0，但 ERNIE 2.0 尚未开源，仅在百度 BML 平台使用
SKEP	2020	百度开源情绪分析系统 Senta
NEZHA-base	2019	来自华为诺亚方舟实验室
ZEN	2019	ZEN_pretrain_base
WoBERT	无	在哈尔滨工业大学开源的 $RoBERTa_{BASE}$-wwm-ext 基础上继续预训练，初始化阶段将每个词用 BERT 自带的分词器切分为字，用字嵌入的平均作为词嵌入的初始化 WoBERT、$WoBERT^+$ 和 WoNEZHA 代码来自追一科技
$WoBERT^+$（WoBERT Plus）		
WoNEZHA	无	在华为开源 NEZHA-base-WWM 基础上继续预训练
RoFormer	2021	来自追一科技

模型名称	论文发表年份	代　码
FinBERT 1.0-Base	无	在哈尔滨工业大学开源的 BERT-wwm 基础上采用三大类金融领域语料继续预训练，FinBERT-Large 尚未开源，代码来自熵简科技
Mengzi-BERT$_{BASE}$	2021	300GB 互联网语料训练
Mengzi-BERT$_{BASE}$-fin	2021	基于 Mengzi-BERT$_{BASE}$ 在 20GB 金融新闻、公告、研报等语料继续训练

　　开源代码仓库中存在不同用户上传的各种不同版本，为了避免模型代码版本不同导致评测结果的差异而对模型对比分析结论产生异议，表 3.8 对本章使用的开源代码进行了说明，它们大多数来自开源社区 GitHub 的源代码仓库，分别下载自脸书研究（Facebook research）、哈尔滨工业大学社会计算与信息检索研究中心（Harbin Institute of Technology-research center for Social Computing and Information Retrieval，HIT-SCIR）、bigboNed3、谷歌人工智能（Google AI，2018 年 5 月 18 日由 Google Research 和 Google. ai 合并而成）、中文语言理解测评基准（CLUE）组织（即中文通用语言理解测评基准（Chinese general Language Understanding Evaluation benchmark，Chinese GLUE benchmark）组织）、哈尔滨工业大学社会计算与信息检索研究中心 2018 级博士研究生崔一鸣、百度飞桨、百度、华为诺亚方舟实验室（Huawei Noah's ark lab）、创新工场人工智能工程院（Sinovation ventures AI institute）、深圳追一科技有限公司、北京熵简科技有限公司、陈元伟、PatientEz 等官方 GitHub 账号上传并公开发布的源代码；间接使用了卡内基·梅隆大学计算机科学学院语言技术研究所 2020 届语言和信息技术博士戴子行（北京循环智能科技有限公司联合创始人杨植麟团队）、北京澜舟科技有限公司官方 GitHub 账号上传并公开发布的源代码。只有中文 Longformer 模型直接下载自抱抱脸（hugging face）官方网站。

　　所有代码的使用均遵守官方 GitHub 账号指定采用的开源软件授权许可协议，本章对比模型的开发者大多数都选择非盈利开源组织阿帕奇软件基金会制定的授权许可协议 2.0 版本（Apache license 2.0），可以免费使用、修改、按照自己的方式进行集成，并应该清楚地在产品、网站和市场介绍材料中明确指出使用了开发者的源代码。按照开源软件授权协议规定，本书在此处进行声明。

　　有些情绪分类特定任务模型虽然已开源，但是未使用中文进行预训练，因此未能纳入到本章模型对比，例如，清华大学人工智能学院交互式人工智能（Conversational AI，CoAI）课题组发布的 SentiLARE 模型。

3.9　模型实现

　　对于模型的使用者来说，只需要调用已预训练的模型变量和权重值，而不必直接使用未预训练的开源预训练模型源代码从头训练。例如，谷歌官方 GitHub 源代码仓库既提供了模型源代码，也提供了已预训练的模型变量和权重值。谷歌官方 GitHub 源代码仓库 $BERT_{BASE}$ Chinese 模型源代码有 21 个文件，与模型相关的主要包括 tokenization.py、modeling.py、run_pretraining.py、run_classifier.py 等 Python 代码文件，详见表 3.9；而已预训练的模型变量和权重值则以 .zip 格式压缩包形式提供若干检查点（checkpoint）文件下载，详见 3.11 节。本章的模型是基于开源模型检查点文件和开源软件框架来实现的，使用编程语言 Python 版本大于或等于 3.6 或 3.7。

表 3.9 BERT 模型源代码文件

文件名. 后缀名（文件格式）	说　明
__init__. py	模型初始化说明 Python 源代码
tokenization. py	分词类 Python 源代码
tokenization_test. py	分词测试类 Python 源代码
create_pretraining_data. py	创建预训练数据 Python 源代码
extract_features. py	句子转为词向量 Python 源代码
modeling. py	模型训练 Python 源代码
modeling_test. py	模型测试 Python 源代码
optimization. py	模型优化 Python 源代码
optimization_test. py	优化测试类 Python 源代码
run_pretraining. py	运行掩码等建模目标 Python 源代码
run_classifier. py	运行预测的填充示例 Python 源代码
run_classifier_with_tfhub. py	运行分类任务 Python 源代码
predicting_movie_reviews_with_bert_on_tf_hub. ipynb	运行预测电影评论 Python 源代码
run_squad. py	运行自动问答任务 Python 源代码
sample_text. txt	确保 Unicode 被正确处理的测试文本
requirements. txt	运行环境要求 TensorFlow≥1. 11. 0
multilingual. md	Markdown 格式多语种模型说明
README. md	Markdown 格式自述文件
LICENSE	软件开源授权许可协议
CONTRIBUTING. md	开源贡献管理办法
. gitignore	指定要忽略的故意未跟踪的文件

　　依托预训练模型框架不需要从头重新构建整个网络，可轻松调用检查点文件，实现多个不同的预训练模型，为实现现有的神经网络模型提供了更快速的方法。本章对比模型直接使用了 4 种不同的框架：PyTorch、Transformers、PaddleHub 和 bert4keras，每种框架分别对应了各自相同名称的 Python 编程语言的软件库，模型通过调用 Python 软件库来直接实现，这样就不必重复编写功能代码。本章模型实现过程中，不同的模型使用了不同的框架，部分程序代码是根据 3.8 节中的开源代码修改的。

　　脸书人工智能研究院推出的 PyTorch 是一个针对深度学习的张量库（tensor library），提供张量计算和深度神经网络自动求导（autograd）两个高级特性的 Python

包。本章项目使用的 PyTorch 版本为 v1.7.1(stable release)(2020 年 12 月 11 日发布)。项目中使用 PyTorch 库实现的模型如表 3.10 所示。

表 3.10　使用 PyTorch 库实现的模型

模型名称
Chinese fastText
simplified-Chinese ELMo
Chinese ULMFiT

抱抱脸(Hugging Face)公司拥有一个相同名称的人工智能开源社区,可以构建、训练和部署由自然语言处理中参考开源支持的先进模型,超过 2000 家机构在使用抱抱脸社区的产品,包括谷歌、微软、脸书,等。Transformers 库(曾用名 pytorch-transformer 和 pytorch-pretraind-bert)是抱抱脸的自然语言处理库,为自然语言理解和自然语言生成提供通用架构,支持超过 100 个语种的 38 个以上的预训练模型,如 BERT、GPT-2、RoBERTa、XLM、DistilBERT、XLNet 等,并具有 TensorFlow 2.0 和 PyTorch 之间的深度互操作能力。表 3.11 列出了本章项目的每个模型对应在 Transformers 库中的名称,在抱抱脸官网的模型库("Models" or "Model Hub")中可以搜索得到。

表 3.11　使用 Transformers 库实现的模型

模型名称	Transformers 库中名称
BERT$_{BASE}$ Chinese	bert-base-chinese
RoBERTa$_{LARGE}$ Chinese	clue/roberta_chinese_large
ALBERT$_{BASE}$ Chinese	voidful/albert_chinese_base
BERT$_{BASE}$-wwm-ext	hfl/chinese-bert-wwm-ext
RoBERTa$_{LARGE}$-wwm-ext	hfl/chinese-roberta-wwm-ext-large
MacBERT$_{BASE}$	hfl/chinese-macbert-base
ELECTRA$_{LARGE}$ Chinese	hfl/chinese-electra-large-discriminator
XLNet$_{MID}$ Chinese	hfl/chinese-xlnet-mid
Longformer$_{BASE}$ Chinese	schen/longformer-chinese-base-4096

百度飞桨(PaddlePaddle)是集深度学习核心框架、工具组件和服务平台为一体的技术先进、功能完备的开源深度学习平台。PaddleHub 是飞桨生态的预训练模型应用工具,开发者可以便捷地使用高质量的预训练模型结合微调应用程序编程接口(Application Programming Interface,API),快速完成模型迁移到部署的全流程工作。PaddleHub 提供的 200 个以上预训练模型涵盖了图像分类、目标检测、词法分析、语义模型、情感分析、视频分类、图像生成、图像分割、文本审核、关键点检测等主流模型,带来易于推理和服务部署的便利。本章使用的 PaddleHub 版本为 2.0.0rc0(2020 年 12 月 1 日发布)。表 3.12 为使用 PaddleHub 库实现的模型。

表 3.12　使用 PaddleHub 库实现的模型

模型名称	PaddleHub 库中名称
ERNIE 1.0 Base	ernie-1.0
ERNIE Tiny	ernie_tiny
SKEP	ernie_1.0_skep_large_ch

bert4keras 是一个基于谷歌 Keras 预训练模型加载框架，目前支持多种预训练模型（BERT、ALBERT、RoBERTa、NEZHA 等），并支持多种环境（Python 2.7、Python 3.x）和后端（keras 2.2.4/2.3.0/2.3.1、tf.keras、TensorFlow 1.14＋、TensorFlow 2.x），谷歌端到端的开源机器学习平台 TensorFlow 2.x 已经深入融合 Keras 作为其高阶 API，通过 tf.keras 接口模块实现使用。本章使用的 bert4keras 版本为 0.9.3（2020 年 11 月 20 日发布）。表 3.13 为使用 bert4keras 库实现的模型。

表 3.13　使用 bert4keras 库实现的模型

模型名称
BERT$_{LARGE}$ Chinese
BERT$_{BASE}$-CNN-BiLSTM-Attention
BERT-BiGRU-Attention
NEZHA-base
ZEN
WoBERT
WoNEZHA
RoFormer
FinBERT 1.0-Base

3.10　运行环境

本章项目是分别在两个深度学习框架云平台环境上进行的——谷歌 Colab 和百度 AI Studio 平台。使用 Transformers 库和 bert4keras 库实现的模型在谷歌 Colab 平台上运行，使用 PaddleHub 库实现的模型在百度 AI Studio 平台上运行。

Colab 和 AI Studio 都是在 Jupyter 基础之上开发的，通过 Colab 和 AI Studio，无须在本地计算机上下载、安装或运行任何软件（例如 Python 解析器、TensorFlow 2.x 等），就可以通过浏览器在线使用 Jupyter Notebook。使用云平台的最大优点在于因不同硬件配置造成的计算结果差异相距较小，公平恰当、容易复现、轻松共享，不偏袒任何一个模型。Jupyter Notebook 是开源的基于网页的交互式计算的应用程序，允许用户创建和共享各种内容，包括实时代码开发、方程式、文档编写、运行代码、展示结果、可视化和叙述文本的文档等计算全过程，支持 Python 编程范式以 Jupyter Notebook 格式（.ipynb）存储。

谷歌 Colaboratory 简称"Colab",是 Google Research 团队开发的一款产品,网址为 https://colab.research.google.com。在 Colab 中,任何人都可以通过浏览器编写和执行任意 Python 代码。它尤其适合机器学习、数据分析和教育目的。从技术上说,Colab 是一种托管式 Jupyter Notebook 服务,程序和数据存储在 Google 云端硬盘上(默认免费提供 15GB 存储空间,网址为 https://drive.google.com),也可以从 GitHub 加载,用户无须进行任何设置,就可以直接使用,同时还能获得图形处理器(Graphics Processing Unit,GPU)或张量处理器(Tensor Processing Unit,TPU)计算资源的免费使用权限,代码会在分配给用户账号使用的虚拟机中执行。Colab 使用量限额和硬件供应情况采用时有变化的动态限额,并且不会保证资源供应或无限供应资源,可用资源会不时变化,以适应需求的波动性,以及总体需求的增长和其他因素。如果希望获得更高、更稳定的使用量限额,可以订阅 Colab Pro,但仅限美国和加拿大用户使用。Colab 预安装了三百八十多个 Python 软件包,其中默认的深度学习框架开源库版本为 TensorFlow 2.3.0,本章的程序运行中还使用了 TensorFlow 2.2.0、Torch 1.7.1,未使用 TorchServe 云端开源模型服务框架。

百度 AI Studio 是基于百度深度学习平台飞桨的人工智能学习与实训社区,网址为 https://aistudio.baidu.com,提供在线 Jupyter Notebook 编程环境、免费 GPU 算力、海量开源算法和开放数据,帮助开发者快速创建和部署模型。ERNIE(BAIDU)和 SKEP 模型依赖于百度飞桨(PaddlePaddle)深度学习库,因此这两个模型的运行环境以百度平台更方便(用其他平台也可以),本书使用的是百度 AI Studio 基础版(无 GPU、免费使用),而含 GPU 的高级版收取 1 算力卡/小时,宣传推广阶段每日运行即获赠 10 小时 GPU 免费使用时长。AI Studio 预安装了一百六十多个 Python 软件包,其中默认的深度学习框架开源库版本为 PaddlePaddle 2.0.0rc,本章的程序运行中还使用了 1.7.2 或 1.8.0。

如果租赁云 GPU 或本地 GPU 运行建议最低硬件配置为 NVIDIA Tesla V100 16GB,硬件配置低会影响模型训练和评测时间,模型训练轮次过少会影响最终评测结果,每次训练后的评测结果可能略有差异。

3.11　模型加载

本章项目的对比模型加载有两种情况:一种是直接加载已预训练检查点文件,另一种是从软件框架中加载已预训练检查点文件。

谷歌官方基础 BERT 中文模型(BERT$_{BASE}$ Chinese)已预训练检查点文件中包含谷歌深度学习框架 TensorFlow 框架保存模型后自动生成 ckpt.meta、ckpt.data、ckpt.index 检查点(checkpoint,ckpt)文件(例如设置每 5s 保存一次检查点,以便训练中断时将训练得到的参数保存下来,不必重新训练,如表 3.14 所示)。.meta 文件是 MetaGraphDef 序列化的二进制文件,保存了网络结构相关的数据,包括 graph_def 和 saver_def 等。.data 保存检查点文件列表,可以用来迅速查找最近一次的检查点文件。

.index 文件存储的核心内容是以 tensor name 为键以 BundleEntry 为值的表格 entries，BundleEntry 主要内容是权值的类型、形状、偏移、校验和等信息。

表 3.14　BERT 中文模型已预训练检查点文件说明

文件名. 后缀名（文件格式）	说　　明
bert_model. ckpt. meta	模型元图，即计算图的结构
bert_model. ckpt. data-00000-of-00001	已预训练的模型变量名和权重值
bert_model. ckpt. index	检查点文件映射的索引
bert_config. json	模型超参数的配置文件
vocab. txt	中文词汇表，用于词块映射为词编号

抱抱脸 Transformers 库的基础 BERT 中文模型（bert-base-chinese）将谷歌深度学习框架 TensorFlow 框架保存模型的检查点文件转换为脸书深度学习框架 PyTorch 下编译的文件，如表 3.15 所示。

表 3.15　BERT 模型 Transformers 库编译文件说明

文件名. 后缀名（文件格式）	说　　明
pytorch_model. bin	PyTorch 下的可执行文件
tf_model. h5	模型文件校验码
config. json	模型超参数的配置文件
tokenizer. json	分词后的词编号
tokenizer_config. json	分词模型超参数的配置文件
vocab. txt	中文词汇表，用于词块映射为词编号
README. md	Markdown 格式自述文档
. gitattributes	以行为单位设置一个路径下所有文件的属性

每个软件框架的模型加载 Python 编程具体方法详见官方说明文档。

3.12　微调策略

3.12.1　情绪分类任务微调

微调分为针对下游任务分别（去掉最后一层分类器）仅对语言模型的特定任务微调和仅对最后的分类层（最后一层分类器）的微调。

本章项目对于不同模型执行相同的情绪分类任务，需要针对语言模型的不同网络架构特点进行特定任务微调，将情绪分类任务的输入和输出插入模型中，并对所有参数进行端到端的微调。以 BERT 模型为例，BERT 利用变换器的自我注意机制将输入和输出两个阶段统一起来，通过交换适当的输入和输出，对句子级情绪分类任务进行建模；在每个单句的第一个输入特征前给予一个分类标记（[CLS]）来区分每个句子，表明了该特征输入后用于分类模型。

3.12.2 分类器超参数调试

面对不同任务,只需要在预训练模型的基础上再添加一个输出层便可以完成对特定任务的微调。对于情绪分类任务把分类器作为输出层进行微调,分类器微调主要是对超参数的配置,主要包括训练轮次(也称为训练循环次数、迭代次数或周期)(epoch)(每个轮次包含若干步数(step))、批大小(batch size)、学习率(learning rate)等。最优超参数值配置是要视下游特定任务而定的。

不同模型的分类器采用不同的超参数调试策略。以 $BERT_{BASE}$ 模型为例,$BERT_{BASE}$ 模型最佳微调超参数如表 3.16 所示。

表 3.16 $BERT_{BASE}$ 模型最佳微调超参数

训练轮次	4	4	4	4	4
批大小	8	16	32	64	128
学习率	3e−4	1e−4	5e−5	5e−5	3e−5

本章项目的模型训练轮次设置为 20。

构建分器对训练集进行训练、对测试集进行评估,分类器的微调除了对神经网络层数、各隐藏层神经元个数、批量数据集中的样本量调试外,主要是对梯度下降优化器超参数调试。在每次迭代中,梯度下降根据自变量当前位置,沿着当前位置的梯度更新自变量。如果自变量的迭代方向仅取决于自变量当前位置,会导致梯度高度敏感于参数空间的某些方向,面临求解具有病态条件(ill-conditioning)的海森(Hessian)矩阵;当神经网络的条件数很多时,梯度下降法也会表现得很差;批量梯度下降(Batch Gradient Decent,BGD)、随机梯度下降(Stochastic Gradient Descent,SGD)、小批量梯度下降(Mini-Batch Gradient Decent,MBGD)等传统梯度下降算法都存在海森病态矩阵(即条件数很大的非奇异矩阵)问题。

梯度下降优化器(optimizer)可以加速梯度下降,改进学习率,使梯度更快地到达全局最优值处,模型稳定快速收敛。动量梯度下降(momentum gradient decent)算法及其变种牛顿动量(Nesterov momentum)梯度下降算法都可以优化处理使梯度前进方向更加平滑,减小振荡扰动,快速达到全局最优解。自适应提升(Adaptive Boosting,AdaBoost)算法、自适应梯度(Adaptive Gradient,AdaGrad)算法、均方根反向传播(Root Mean Square propagation,RMSprop)算法、自适应累积梯度(AdaDelta)算法、自适应矩估计(Adaptive moment estimation,Adam)算法)等优化算法都可以改进学习率的自适应。AdaGrad 维护一个参数的学习速率,可以提高在稀疏梯度问题上的性能,RMSProp 也维护每个参数的学习速率,根据最近的权重梯度的平均值(例如变化速率)来调整,这意味着该算法在线上和非平稳问题上表现良好(如噪声)。Adam 结合了AdaGrad 和 RMSProp 的优点,其衰减方式类似动量梯度下降,不同于 AdaDelta 和 RMSprop 的历史梯度衰减方式,数学表达式如下:

$$m_t \leftarrow \beta_1 \cdot m_{t-1} + (1-\beta_1) \cdot g_t$$

$$v_t \leftarrow \beta_2 \cdot v_{t-1} + (1-\beta_2) \cdot g_t^2$$

其中，g 代表梯度，t 代表时间，$\beta_1,\beta_2 \in [0,1)$ 代表矩估计的指数衰减速率，m 代表一阶矩向量，v 代表二阶矩向量。第一个表达式表示更新有偏的一阶矩估计，第二个表达式表示更新有偏的二阶矩估计。Adam 利用一阶矩估计和二阶矩估计动态调整每个参数的学习率，加快收敛速度，这可以使每一次迭代的学习率都有一个确定范围，经过偏差校正后，参数平稳随着时间而适应，可以较快地得到估计结果。与 RMSProp 基于一阶矩（即均值或期望）的参数学习速率不同，Adam 既使用了一阶矩也使用了二阶矩（非中心矩、不是方差），计算了梯度和平方梯度的指数移动平均值，并且超参数 β_1 和 β_2 分别控制了两个移动平均值的衰减速率；两个移动平均值和超参数 β_1、β_2 的初始值接近 1（推荐值），通过计算偏差校正的一阶矩估计和偏差校正的二阶原始矩估计，使得矩估计的值接近于 0。很多实证研究结果表明，Adam 优于其他的优化随机目标函数的算法。预训练语言模型微调阶段构建分类器的超参数调试中，动量梯度下降因子 β 表示要在多大程度上保留原来的更新方向，取值为 0～1，预训练模型已经训练过的权重，自变量当前位置已接近全局最优点，动量梯度下降因子 β 初始值建议设置为 0.6～0.9；Adam 算法中默认设置学习率为 0.001，超参数 β_1 初始值为 0.9、β_2 初始值为 0.999、ϵ 初始值为 1e-8。

在整个神经网络训练过程中，使用固定大小的学习率效果往往不好，可能会造成训练集的损失值下降到一定程度后不再下降，而且可能会造成收敛的全局最优点的时候来回振荡。对于分类器微调中学习率调整的一般原则是随着迭代次数的增加，学习率也应该逐渐减少。预训练模型已经训练过的权重，肯定需要施加学习率衰减（learning rate decay）策略。ULMFit 目标域语言模型采用的倾斜三角形学习速率（Slanted Triangular Learning Rates，STLR）设置了不同层应当采取有区别的学习率。

3.13　数据预处理

3.13.1　数据读取、转换和清洗

本章项目模型为已预训练的预训练模型，数据预处理实际仅发生在微调阶段；也就是说，本章的数据预处理是为微调而做的工作，不是训练模型而做的工作。因此，从程序编写流程角度来看，3.13 节放置在模型加载之后。

文本数据预处理工作首先包括数据读取、数据转换和数据清洗。

微调时，需要读取训练集和测试集，训练集、测试集等数据都是 .txt 格式的文件，每一个样本是一个句子（新闻标题）及其对应的类别标签（利多、利空、其他），分隔符为"|||"。根据编程使用的函数不同，也可以转换为 .csv 或 .tsv 格式文件，再进行数据读取。此外，还需要读取模型 .json 格式配置文件。

训练集和测试集的语句基本比较规整，数据清洗时可以采取对特殊字符进行处理、删除未标注数据等操作。

3.13.2   分词、填充和其他

文本数据预处理工作还包括分词、填充(padding)和其他。

第一,分词采用预训练语言模型相同的分词方法。因为是中文,所以不必考虑区分字母大小写。如果是英文,则必须考虑是否区分字母大小写。

第二,对不同字数的句子,将在批创建时动态填充每个批中的最大序列长度,使句子对齐(sentence alignment)。

第三,一些预训练语言模型已设置了标签的使用顺序,所以要确保微调时确实使用了它。

3.14   评估指标

3.14.1   混淆矩阵

本章项目未对预训练语言模型直接进行模型评估,而是对模型执行情绪分类下游任务的结果进行评测。混淆矩阵(confusion matrix)或列联表(contingency table)是分类任务的一级评估指标,准确度、精确度、召回率、真负率、假正率、假负率是二级评估指标,F1 分数、G 分数、G 均值、受试者工作特征曲线(Receiver Operating Characteristic curve,ROC curve)、ROC 曲线下面积(Area Under the Curve of ROC,AUC)值、柯尔莫哥罗夫-斯米尔诺夫(Kolmogorov-Smirnov,KS)值/曲线是三级评估指标。此外,还有损失函数经验风险最小化(Empirical Risk Minimization,ERM)、损失函数结构风险最小化(Structural Risk Minimization,SRM)等其他机器学习分类器(模型)性能评估指标。

按照样本所属类别的正例或负例(positive or negative)与分类器预测结果真(正确)或假(错误)(true or false)的组合,样本数据集中的每个样本经过分类器后可以对应真正例(True and Positive,TP)(正确将本类别预测为本类别)、假正例(False and Positive,FP)(错误将其他类别预测为本类别)、真负例(True and Negative,TN)(正确将其他类别预测为其他类别)和假负例(False and Negative,FN)(错误将本类别预测为其他类别)4 种情况。分类器预测结果的混淆矩阵如表 3.17 所示。

表 3.17   分类器预测结果的混淆矩阵

真实类别	预测结果	
	正例	负例
正例	真正例(TP)	假负例(FN)
负例	假正例(FP)	真负例(TN)

其中,行代表的是真实类别,列代表的是分类器预测结果。

对于多分类任务,k 分类预测结果的混淆矩阵就是 $k \times k$ 维的矩阵。本章项目中,对"利好""利空""其他"三个类别进行预测,当以"利好"类别为正例时,"利空"和"其他"两个类别就为负例,三分类预测结果的混淆矩阵如图 3.15 所示。

	预测类别		
	利好	利空	其他
真实类别 利好	TP	FN	FN
利空	FP	TN	FN'
其他	FP	FN''	TN

图 3.15　以"利好"类别为正例的三分类预测结果混淆矩阵

其中，FN'和 FN''是区别于 FN 的假负例，不参与"利好"类别二级评估指标的计算。对于不同类别对应不同的混淆矩阵，以"利空"或"其他"类别为正例对应的混淆矩阵与图 3.15 不同，而二级评估指标的计算公式相同。

3.14.2　准确度、精确度、召回度和 F1 分数

本章项目的下游任务是情绪分类任务，准确度或正确度（accuracy）是分类任务中最常用的评估指标，转换为百分比后即为准确率或正确率（accuracy rate），用来度量模型性能。准确度是分类器对整个样本判断正确的比例，表示分类预测正确的样本量占样本容量所占的比例，表达式为：

$$\text{准确度} = \frac{\text{正确预测的样本量}}{\text{样本容量}}$$

一般地，样本容量为 n 的标注数据集 S 为有限集合，表示如下：

$$S\{(x_1,y_1),(x_2,y_2),\cdots,(x_i,y_i),\cdots,(x_n,y_n)\}$$

其中，样本 x 的真实类别标签为 y。

k 分类下所有类别的准确度 Acc 的计算公式为：

$$\text{Acc} = \frac{\text{TP} + \text{TN}}{\text{TP} + \text{TN} + \text{FP} + \text{FN}}$$

其中，TP＋TN＋FP＋FN 为样本容量。

精确度、精度、精密度、置信度、精确率（precision ratio）或查准率是被分类器判定为正例中的正样本的比例，表示预测为正的样本中有多少是真的正样本。k 分类下某类别的精确度 Precision 的计算公式为：

$$\text{Precision} = \frac{\text{TP}}{\text{TP} + \text{FP}}$$

召回度、召回率（recall ratio）、反馈率、查全率、真正率（True and Positive Ratio，TPR）或灵敏度（sensitivity）是被分类器正确预测为正例的样本量占总的正例的比例，表示样本中的正例有多少被正确预测。k 分类下某类别的召回度 Recall 计算公式为：

$$\text{Recall} = \frac{\text{TP}}{\text{TP} + \text{FN}}$$

负召回度（即负样本召回度）、负预测度、真负率（True and Negative Ratio，TNR）或特异度（specificity）是被分类器正确预测为负例的样本量占总的反例的比例，表示样本中的负例有多少被正确预测。k 分类下某类别的负召回度计算公式为：

$$TNR = \frac{TN}{TN + FP}$$

假正率(False and Positive Ratio, FPR)或虚警率是被分类器错误预测为正例的样本量占总的负例的比例,表示样本中的反例有多少被错误预测。k 分类下某类别的假正率 FPR 计算公式为:

$$FPR = \frac{FP}{TN + FP}$$

假负率(False and Negative Ratio, FNR)是被分类器错误预测为负例的样本量占总的负例的比例,表示样本中的反例有多少被错误预测。k 分类下某类别的 FNR 计算公式为:

$$FNR = \frac{FN}{TP + FN}$$

假正率和假负率之和等于 1,即:

$$FPR + FNR = 1$$

F1 分数或 F1 度量(F1-Score or F1-measure)是精确度和召回度的调和均值,最大为 1,最小为 0。k 分类下某类别的 F1 值计算公式为:

$$\frac{1}{F1} = \frac{1}{2}\left(\frac{1}{Precision} + \frac{1}{Recall}\right)$$

变换上面的等式:

$$F1 = \frac{2}{\dfrac{1}{Precision} + \dfrac{1}{Recall}} = 2 \times \frac{Precision \times Recall}{Precision + Recall} = \frac{2TP}{2TP + FP + FN} = \frac{2TP}{N + TP - TN}$$

其中,N 为样本容量,即 TP+TN+FP+FN。

按照上面的 F1 分数计算公式直接得出的是微平均 F1(micro-F1)分数,先计算出每个类别中的真正例(TP)、假正例(FP)、假负例(FN),分别求和得到 3 个样例的总和,代入 F1 分数计算公式即可。微平均将混淆矩阵中的每个样例同等对待,不考虑样例在不同类别下的预测结果差异。

宏平均 F1(macro-F1)分数是 k 分类下未加权的所有类别 F1 分数之和的平均值,即先分别计算每个类别的 F1 分数,再求和、平均。宏平均将每个类别同等对待,所有类别赋予相同的权重,不考虑类别可能存在的样本量占比差异,计算公式为:

$$maro\text{-}F1 = \frac{1}{k}\sum_{n=1}^{k} F1_k$$

本章项目针对情绪分类任务的主评估指标是准确度(正确度)指标,其他指标作为辅助指标,当准确度指标可以充分地区别模型性能优劣时,其他指标不必计算出结果进行比较。在程序输出结果中,准确度为 acc、eval_acc 或 best_eval_acc,不同的深度学习软件框架输出不同。由于项目数据集不存在类别不平衡的问题,不考虑使用对指标加权平均的计算方法。第 4 章的模型评测使用了准确度、精确度、召回度、微平均 F1 分数、宏平均 F1 分数。

3.14.3　损失值

神经网络训练的目的是使真实值与模型预测估计值之间的误差最小化,建模过程就是将现实问题抽象成类凸优化问题,训练过程就是一个存在约束的凸目标函数的最优化求解过程,损失值(loss)是凸目标函数的最小值。由于无法得到显性数学公式求解,通过计算机程序的数值模拟进行求解。

对于一个多元(变量)函数,所有变量的偏导数称为梯度向量,梯度下降法求解就是让梯度向量沿着最陡梯度下降(steepest descent),使得神经网络收敛。相应地,在神经网络模型的迭代训练过程中,希望通过对模型参数的设置和优化,减少损失值,直至模型收敛。

按照模型训练过程和评测结果的不同,损失值可以分为训练损失值和评测损失值。随着每个训练轮次中的梯度更新,神经网络模型逐渐收敛,训练损失值(程序输出结果中为 loss)应当逐轮减小,渐趋于 0。评测损失值(evaluation loss,程序输出结果中为 loss、eval_loss 或 best_eval_loss)也是神经网络模型评测的一个重要指标,在准确度相同的情况下,在软件框架、任务、微调、评估的代码一样时,评测损失值越小模型越优。本章项目将损失值作为准确度的辅助评估指标,而不是 F1 分数作为辅助评估指标。

3.15　模型评测

启动模型评估程序时,如果 Python 代码中创建了主函数(main()),可以创建一个 Shell 脚本文本来执行命令(例如 main.sh 或 run.sh),可执行脚本的主要作用是指定运行 Python 文件、读取训练集和测试集数据路径、模型文件路径、输出路径、日志路径、训练轮次、步数、训练和评测批大小等。

3.16　输出过程

不同的模型和不同的代码编写有各自不同的运行过程和输出结果。本节以 $BERT_{LARGE}$ 模型为例,详细展示模型的运行过程和输出结果。

$BERT_{LARGE}$ 的网络架构摘要如图 3.16 所示。

```
Model: "functional_3"

_____
Layer (type)              Output Shape        Param #    Connected to
=================================================================
Input-Token (InputLayer)      [(None, None)]       0

_____
Input-Segment (InputLayer)    [(None, None)]       0

_____
Embedding-Token (Embedding)   (None, None, 1024)   21635072
Input-Token[0][0]
_____
```

图 3.16　$BERT_{LARGE}$ 的网络架构摘要

```
Embedding-Segment (Embedding)     (None, None, 1024)   2048
Input-Segment[0][0]
_____
Embedding-Token-Segment (Add)     (None, None, 1024)   0
Embedding-Token[0][0]

Embedding-Segment[0][0]
_____
Embedding-Position (PositionEmb   (None, None, 1024)   524288
Embedding-Token-Segment[0][0]
_____
Embedding-Norm (LayerNormalizat   (None, None, 1024)   2048
Embedding-Position[0][0]

_____
Embedding-Dropout (Dropout)       (None, None, 1024)   0
Embedding-Norm[0][0]

_____
Transformer-0-MultiHeadSelfAtte   (None, None, 1024)   4198400
Embedding-Dropout[0][0]

Embedding-Dropout[0][0]

Embedding-Dropout[0][0]
_____
Transformer-0-MultiHeadSelfAtte   (None, None, 1024)   0
Transformer-0-MultiHeadSelfAttent
_____
Transformer-0-MultiHeadSelfAtte   (None, None, 1024)   0
Embedding-Dropout[0][0]

Transformer-0-MultiHeadSelfAttent
_____
Transformer-0-MultiHeadSelfAtte   (None, None, 1024)   2048
Transformer-0-MultiHeadSelfAttent
_____
Transformer-0-FeedForward (Feed   (None, None, 1024)   8393728
Transformer-0-MultiHeadSelfAttent
_____
Transformer-0-FeedForward-Dropo   (None, None, 1024)   0
```

图 3.16 （续）

```
Transformer-0-FeedForward[0][0]
_____
Transformer-0-FeedForward-Add ( (None, None, 1024)   0
Transformer-0-MultiHeadSelfAttent

Transformer-0-FeedForward-Dropout
_____
Transformer-0-FeedForward-Norm  (None, None, 1024)   2048
Transformer-0-FeedForward-Add[0][

_____
Transformer-1-MultiHeadSelfAtte (None, None, 1024)   4198400
Transformer-0-FeedForward-Norm[0]

Transformer-0-FeedForward-Norm[0]
Transformer-0-FeedForward-Norm[0]
......
......
......
Transformer-23-FeedForward-Norm (None, None, 1024)   2048
Transformer-23-FeedForward-Add[0]
_____
CLS-token (Lambda)              (None, 1024)          0
Transformer-23-FeedForward-Norm[0
_____
dense (Dense)                   (None, 3)             3075
CLS-token[0][0]
=================================================================
Total params: 324,475,907
Trainable params: 324,475,907
Non-trainable params: 0
```

图 3.16 （续）

BERT$_\text{LARGE}$ 模型的预测评估结果如图 3.17 所示。

```
   Epoch 1/20
110/110 [==============================] - ETA: 0s - loss: 0.9567 -
accuracy: 0.2378val_acc: 0.73549, best_val_acc: 0.73549

   110/110 [==============================] - 163s 1s/step - loss: 0.9567
- accuracy: 0.2378
```

图 3.17 BERT$_\text{LARGE}$ 模型的预测评估结果

```
......

   Epoch 6/20
110/110 [==============================] - ETA: 0s - loss: 0.2231 -
accuracy: 0.3407val_acc: 0.81570, best_val_acc: 0.81570

110/110 [==============================] - 149s 1s/step - loss: 0.2231
- accuracy: 0.3407

......

   Epoch 20/20
110/110 [==============================] - ETA: 0s - loss: 1.0838 -
accuracy: 0.0603val_acc: 0.42833, best_val_acc: 0.81570

110/110 [==============================] - 80s 724ms/step - loss: 1.0838
- accuracy: 0.0603
```

图 3.17 （续）

另外一种程序编写方式，只输出最佳预测评估准确度和/或损失值，$\text{BERT}_{\text{BASE}}$ 模型的预测评估结果如图 3.18 所示。

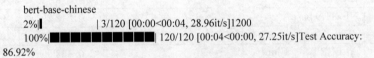

bert-base-chinese
2%| | 3/120 [00:00<00:04, 28.96it/s]1200
100%|■■■■■■■■■■■■■| 120/120 [00:04<00:00, 27.25it/s]Test Accuracy:
86.92%

图 3.18 $\text{BERT}_{\text{BASE}}$ 模型的预测评估结果

以上运行过程和输出结果中，模型训练和模型评测交替，模型训练的准确度应当接近模型评测，如果模型训练的准确度高于模型评测，说明模型过拟合；如果模型训练的准确度低于模型评测的准确度，说明模型欠拟合。

最终得到模型的最佳准确度和/或损失值。

3.17 结果汇总

将 28 个对比模型的预测评估结果汇总展示，并按照效果高低进行排名，如表 3.18 所示。不同的数据预处理和微调方法、不同的程序代码、不同运行环境得到的模型评测结果（evaluation result）都会有差异，因此评测结果可能存在偏差。

表 3.18 对比模型评测结果

效果排名	模型名称	准确度	损失值
1	RoBERTa$_{\text{LARGE}}$-wwm-ext	0.882 25	0.685 39
2	RoFormer	0.873 72	0.024 11

续表

效果排名	模型名称	准确度	损失值
3	WoBERT$^+$（WoBERT Plus）	0.872 01	0.032 72
4	BERT$_{BASE}$-BiLSTM-CNN-Attention	0.871 02	0.001 22
5	Longformer$_{BASE}$ Chinese	0.870 31	0.423 66
6	SKEP	0.870 31	0.855 36
7	ELECTRA$_{LARGE}$ Chinese	0.866 89	0.771 44
8	WoBERT	0.863 48	0.000 23
9	BERT$_{BASE}$-wwm-ext	0.863 48	0.839 85
10	FinBERT 1.0-Base	0.861 77	0.505 39
11	XLNet$_{MID}$ Chinese	0.855 43	0.497 50
12	WoNEZHA	0.854 95	0.053 65
13	BERT$_{BASE}$-CNN-BiLSTM-Attention	0.854 72	0.014 15
14	BERT$_{BASE}$-BiGRU-Attention	0.852 10	0.021 65
15	Mengzi-BERT$_{BASE}$	0.848 12	0.000 03
16	Mengzi-BERT$_{BASE}$-fin	0.848 12	0.0886
17	MacBERT$_{BASE}$	0.848 12	0.442 18
18	RoBERTa$_{LARGE}$ Chinese	0.846 42	1.150 42
19	BERT$_{LARGE}$ Chinese	0.842 25	0.912 32
20	BERT$_{BASE}$ Chinese	0.839 59	0.730 89
21	ERNIE1.0 Base	0.828 12	0.544 29
22	NEZHA-base	0.812 29	0.034 68
23	ZEN	0.802 04	0.124 32
24	ALBERT$_{BASE}$ Chinese	0.762 80	1.833 41
25	ERNIE Tiny	0.757 68	0.674 29
26	simplified-Chinese ELMo	0.752 56	0.562 46
27	Chinese fastText	0.720 14	1.109 02
28	Chinese ULMFiT	0.680 89	0.630 62

从表 3.18 可以看出，对于本章创建的中文标注语料库，在 28 个对比模型中，基准模型 BERT$_{BASE}$ Chinese 的准确度为 0.839 59，RoBERTa$_{LARGE}$-wwm-ext 模型效果最佳，预测评估准确度达到 0.882 25，比基准模型准确度高出 0.042 66。WoBERT 和 FinBERT 1.0-Base 的准确度的小数点后 5 位一样，由于两个模型的实现采用了不同的代码和微调，所以无法通过比较损失值来确定模型效果排名。比较小数点后的 15 位值，WoBERT 的准确度是 0.863 481 228 668 942，BERT$_{BASE}$-wwm-ext 的准确度是 0.863 481 223 583 221，因此，WoBERT 的模型效果排名比 BERT$_{BASE}$-wwm-ext 高。

3.18　模型对比项目结论

本节通过从所有模型、语言表征、模型规模大小、骨干网络架构、模型调优、掩码机制、训练样本生成策略、建模目标、组合模型九个方面进行比较分析的总结，对于本章创建的、接近业界实际的、真实的中文金融情绪标注语料库,面向中文金融文本情绪分类特定任务,可以揭示出以下结论。

第一,数据决定了模型效果上限,而调参只是在逼近模型效果上限。也就是说,数据的样本容量、特征空间、边缘概率分布、条件概率分布都会对模型性能水平造成决定性影响。本章项目所有模型评测结果都没有达到优秀(准确率都未超过90%),其中一个原因是样本容量小;但是本章项目是为了比较模型效果相对的高低,因此绝对准确率的高低并不妨碍结果对比,不影响项目目的和项目结论。这个结论可以从另一个对比评测结果分析得到支持,中文文本分类 PyTorch 实现从清华大学自然语言处理与社会人文计算实验室发布的中文文本分类数据集 THUCNews 中抽取了 20 万条新闻标题(文本长度为 20~30,一共 10 个类别,每类 2 万条),数据集被划分为训练集 18 万条、验证集 1 万条、测试集 1 万条,训练集样本可能覆盖了绝大多数的测试集样本,几个对比模型效果均达到 90% 以上。

第二,从语言表征的角度来看,上下文感知表征模型更优,双向语言模型更优。上下文无感表征模型 fastText 的效果不如其他上下文感知表征模型,单向语言模型 fastText 和两个单向拼接语言模型 ULMFit 不如 ELMo、BERT 等双向语言模型更优。作为浅层预训练模型,fastText 只有一个隐藏层,结合了 n 元(n-gram)和分层 softmax 的优势,对样本量要求少,且训练速度快;但是不能区分上下文语境,比如对"你打给我"和"我打给你"这两句话的理解是一样的。由于不能保证在所有的数据集上的评测结果都是上下文感知表征模型更优,双向语言模型更优,对早先的模型进行评测是有必要的,评测的目的是选择最适合的模型。

第三,从模型大小的角度来看,评测结果表明,预训练语言模型的规模越大效果越好,极小(tiny)模型的效果最差、压缩模型效果较差、基础(base)模型较好、大号(large)模型最好。这个结论是与所有的学术论文中评测结论一致的,这也是预训练语言模型规模越做越大的原因。

第四,从模型骨干网络架构的角度来看,高效变换器架构("X-former")模型效果比绝大多数变换器架构更好。中文句子的字数一般比英文句子多,也就是说,序列长度更长,而高效变换器架构更擅长处理长序列,对较长序列的处理能力更强,使采用高效变换器架构的模型对长句子的预测准确度较高。由于本章项目评测数据集中既有短文本也有长文本,因此 Longformer 模型的表现没有超过 $RoBERTa_{LARGE}$-wwm-ext 模型。然而,RoFormer 模型主要特点是可以直接处理任意长的文本,是目前唯一一种可用于线性注意力的相对位置编码,在本章评测数据集上准确率排名第二。

第五,从模型调优的角度来看,调优后模型比原模型更优。RoBERTa 模型是由脸书人工智能(Facebook AI)和华盛顿大学的研究团队于 2019 年 7 月共同发布的,对 BERT 模型做了以下几点调整:①动态调整掩码机制,而 BERT 模型的静态掩码是在数据预处理阶段对序列进行掩码,因此输入到模型中的每一个被掩码的句子是相同;②删除了前后句预测建模目标,预训练任务仅为掩码语言模型单一建模目标;③RoBERTa 采用的字节对编码(Byte-Pair Encoding,BPE)是字符级和词表级表征的混合，是 BERT 模型采用的词块编码的一种特殊形式；④预训练数据更多，由 16GB 增加到 160GB，训练步数更长，从 100K 增长到 500K，批大小更大，从大号模型 256（步数 1M、学习率 1e-4）增大到 2K（步数 125K、学习率 7e-4）、8K（步数 31K、学习率 1e-3）。RoBERTa 模型是 BERT 模型的成熟版，充分发挥了 BERT 性能，它的经验对模型性能提升有很多可借鉴的地方，同时很多论文的评测结论表明，增大批大小会显著提升模型效果。

第六，从掩码机制角度来看，全词掩码比子词掩码更优。大号中文全词掩码 RoBERTa 模型（RoBERTa$_{LARGE}$-wwm-ext）使用 30GB 中文文本，近 3 亿个句子，100 亿个分词标记（token）（即中文的字），产生了 2.5 亿个训练实例（instance）数据，覆盖新闻、社区讨论、多个百科，包罗万象，覆盖数十万个主题等，使用了超大（8K）的批大小。

第七，从训练样本生成策略角度来看，以词为单位输入模型更优。由于谷歌官方发布的 BERT$_{BASE}$ Chinese 中，中文是以字为粒度进行切分，没有考虑到中文分词的特殊性。很多中文预训练模型不能够沿用中文 BERT 模型的做法，仅聚焦于小颗粒度文本单位元（字）的输入，而应当注重字嵌入到词嵌入的转换，同时保持训练序列输入长度较长。RoBERTa$_{BASE}$-wwm-ext 将全词掩码的方法应用在了中文中，使用了中文维基百科（包括简体和繁体）进行训练，并且使用了哈尔滨工业大学语言技术平台（Language Technology Platform，LTP）作为分词工具，即对组成同一个词的汉字全部进行掩码。WoBERT$^+$（WoBERT Plus）模型基于 RoBERTa$_{BASE}$-wwm-ext 模型继续预训练，以掩码语言模型为建模目标，初始化阶段将每个词用 BERT 自带的分词器切分为字，然后用字嵌入的平均作为词嵌入的初始化，能够将单个汉字与词的语义信息相融合，采用 30GB 以上大小的通用语料训练，序列最大长度为 512、学习率为 1e-5，批大小为 256，累积梯度 4 步，训练 25 万步。虽然 WoBERT$^+$ 是基础模型，但其性能已经超过了 BERT$_{BASE}$ 的组合模型，接近大号模型 RoBERTa$_{LARGE}$-wwm-ext。

第八，从建模目标角度来看，预训练过程中仅使用掩码语言模型单一任务目标，比两个任务目标更好，RoBERTa 样式模型比 BERT 样式模型效果更好。另外，ELECTRA 模型加入了分词替换的对比学习建模目标，这种方法与对抗训练类似，但略有不同：生成器的输入只有潜在空间，没有随机噪声；采用最大似然估计计算极值；生成器会去预测掩码生成的新分词标记的概率值，判别器能更加准确地识别每个位置的标记是否真实。ELECTRA 模型效果优于同等大小的 BERT，且媲美 RoBERTa 模型。由此可以预见到，对抗训练对于预训练语言模型起到一定的性能提升作用。

第九，从组合模型角度来看，组合模型、集成模型或融合模型优于组合中的任意单个模型。双向门控循环单元（BiGRU）和双向编码器从变换器表征相结合，使得 BERT 本编码层学习上下文语境词表征改善了 BiGRU 网络的分类性能。利用 BERT 模型对文本到动态的字符级嵌入进行转换，BiLSTM 和 CNN 组合输出特征，融合充分利用 CNN 提取局部特征的优势和 BiLSTM 具有记忆的优势将提取的上下文特征链接起来，更好地表征文本，从而提高文本分类任务的准确性。本章项目比对的 BERT$_{BASE}$-BiGRU-Attention、 BERT$_{BASE}$-CNN-BiLSTM-Attention、 BERT$_{BASE}$-BiLSTM-CNN-

Attention 三个组合模型在中文文本中具有强大的语义捕捉能力和远程依赖关系，提高了情绪分类预测的性能，$BERT_{BASE}$-BiLSTM-CNN-Attention 的表现更好。CNN-BiLSTM 和 BiLSTM-CNN 都是 CNN 和 BiLSTM 两者的结合，可以同时利用 CNN 模型识别局部特征和 LSTM 模型处理文本序列的能力。不同的是，CNN-BiLSTM 是 CNN 层接收词向量作为输入、CNN 的卷积层提取局部特征后池化层输出汇集到一个较小尺寸，输入到 BiLSTM 层利用特征来学习文本序列，再经过全连接层输出分类标签；BiLSTM-CNN 是 BiLSTM 层接收 BERT 输出的词向量将所有句子填充到等长、生成新的编码输入到一个完整的 CNN 层、提取局部特征到卷积层、经过池化层输出汇集到一个较小的维度、最终经过全连接层输出分类标签。比较两种不同的结合方式，CNN-BiLSTM 将 BiLSTM 层插入到 CNN 层的池化层后，输出结果与全连接层进行相连，CNN 层可能会丢失一些原始标记信息，而 BiLSTM- CNN 既包含原始标记信息，又包含序列中前后变化信息（先前和即将出现的周围单词），此时 CNN 卷积层中的卷积核（滤波器）真正发挥了作用，从而获得更好的准确性。

以上结论仅对本项目的测试集数据样本负责，不代表其他数据集下模型的效果状况。

小结

本章详细记录了主流的中文预训练模型在中文自然语言理解任务上完整的项目过程、操作要点、输出结果和项目结论。为进一步提高性能模型性能，创建全新的预训练语言模型提供了实践基础，并指出了改进方向。

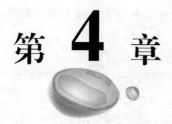

第 4 章

FinWoBERT：中文金融领域
增强预训练模型

4.1 领域增强目的

  BERT 模型凭借变换器架构强大的特征学习能力以及通过掩码语言模型实现的双向编码,大幅地提高了各项自然语言理解任务的基准表现。BERT 预训练语言模型是从大规模语料中学习到通用的语言表征,但是对于特定领域的文本来说,预训练语言模型缺少领域知识,而直接将通用知识预训练模型应用于专业领域的自然语言理解任务往往会产生不理想的结果。同时,预训练语言模型的训练过程需要大量算力(少则十多天、多则上月),而现阶段算力对于大多数人来说仍是高价资源(少则万元、多则几十万元),每个专业领域的人士想要自己训练出一个特定领域的预训练语言模型是费时费力的工作,优质的特定领域预训练语言模型可以为专业人士节省大量的预训练时间,因此为专业领域贡献现成的特定领域预训练语言模型是有积极意义的。

  本章的目的是通过建立中文金融预训练语言模型,使预训练语言模型适用于金融领域的自然语言处理,推动自然语言处理技术在金融专业领域的应用。

4.2 领域增强原理

  深度迁移学习的数据偏移和领域自适应都是利用一个源数据集中已经学到的内容去改善另一个目标数据集中的泛化情况,在无监督学习任务和监督学习任务之间转义表征。不同的是,数据偏移一般执行两个或更多个不同的任务,不同任务之间共享的不是输入的语义,而是输出的语义。例如,语音识别系统需要在输出层产生有效的句子,但是输入附近的较低层可能需要识别相同音素或子音素发音的非常不同的版本；在这样的情况下，共享神经网络的输出层以上的层和进行任务特定预处理是有意义的。而领域自适应通常是指源领域和目标领域之间的数据分布之间存在固有的数据偏移或概念漂移（concept drift），例如，使用电影评论语料库训练的情绪分类器用于对消费电子产品评分进行分类，需要对不同的分部进行域适应调整才能进行迁移学习。当数据分布随时间而逐渐变化，例如，购物行为会因春夏秋冬而产生季节性变化，多任务学习就适用于概念漂移的学习任务，多任务学习通常是监督学习任务。

本章项目就是数据偏移的迁移学习，通用语料库训练的预训练模型有助于学习到能够使得从特定领域抽取的非常少样本中快速泛化的表征，但是对于特定领域或特定任务，这些特征对某些句子有用，而对某些特定领域或特定任务的变化无用。使用特定领域知识或特定任务知识继续训练后的模型，能够解释通用语料库的特征并学习特定领域或特定任务需要提取的相关特征变化，这就是数据偏移迁移学习的关键成功因素，也是本章项目的理论基础。

4.3 领域增强实现方法

通过第 3 章项目结果分析，$RoBERTa_{LARGE}$-wwm-ext 模型和 $Longformer_{BASE}$ 模型是最优选择，但是经过尝试后发现，大号模型的预训练时间太久，本书作者目前尚不具备这样的人工智能计算硬件基础。而 $WoBERT^+$（WoBERT Plus）是在 $RoBERTa_{BASE}$-wwm-ext 基础上继续预训练（WoBERT 使用单张 24GB GDDR6X 显存的英伟达 TITAN RTX 显卡训练了大约 10 天，$WoBERT^+$ 共训练了 18 天），且针对中文特点进行了词嵌入的初始化，因此，本章项目是以 $WoBERT^+$ 模型为基础进行训练和评测的。

$WoBERT^+$ 的训练语料是超过 30GB 的通用型语料，缺乏对领域知识和任务相关的知识。本章项目选择在 $WoBERT^+$ 的基础上使用自建未标注金融语料库进行后训练，使模型获取到一些金融领域相关知识，给模型权重带来金融领域的偏差，进行金融领域增强。

4.4 领域增强操作步骤

本章步骤依据 CRISP-DM 和 DMME 参考模型的方法（详见 3.4 节）。

本章具体的操作步骤是：首先建立一个中文金融未标注语料库，然后对数据进行描述性统计分析，再基于 $WoBERT^+$ 模型进行后训练和微调，最终对模型评估结果进行分析。

4.5　自建（预训练）未标注词库

　　清华大学开放中文词库（THU Open Chinese Lexicon，THUOCL）是清华大学自然语言处理与社会人文计算实验室制作的一套高质量的中文词库，词表分为 IT、财经、成语、地名、历史名人、诗词、医学、饮食、法律、汽车、动物 11 个类别。其中，财经词库的词条数量为 3830 条，词频统计语料库为新浪新闻。观察样本词条后发现，该财经词库包含股票名称（例如，南京新百、北陆药业、齐鲁石化）、单位全称（例如，力合股份有限公司、吉林制药股份有限公司、襄阳汽车轴承股份有限公司、上海财经大学、第一财经日报）、单位简称或品牌名称（例如，鞍钢、通联、步步高、亚信、戴尔）、新闻词汇（例如，在线咨询、诚聘英才、重点关注、重要公告）、成语（例如，一触即发、不容乐观）、经济词汇（例如，发展、新经济、经济技术开发区、非公经济）、科技词汇（例如，合金）、法律词汇（例如，双开、豁免、回扣）、部分金融词汇（例如，空头、清仓、费率、撤资、接盘、对冲）等。但是，很多金融术语并未包含在内，例如，权证、认股、A 股、B 股、套利。

　　中文情绪词库有知网情绪分析用词语集（HowNet knowledge database）、国立台湾大学语义词典（National Taiwan University Semantic Dictionary，NTUSD）、大连理工大学信息检索研究室中文情绪词汇本体库（Dalian University of Technology Sentiment Dictionary，DLUTSD）、汉语情绪词极值表、中文褒贬义词典 v1.0。英文金融情绪词库有金融情绪词列表、国立台湾大学金融情绪词典（NTUSD-Fin）、五千余个已标注金融领域情绪词。

　　本书基于清华大学开放中文词库的财经词库、知网情绪分析用词语集、国立台湾大学情绪词典、中文褒贬义词典 v1.0 建立了一个中文金融情绪词典（Chinese Financial Sentiment Dictionary，CFSD）。具体方法是：利用 Python 开源财经数据接口包挖地兔（TuShare）提供的新浪股吧接口，对新闻内容（show_content＝True）提取情绪词，并进行正、负情绪词分类保存。

　　为了达成本章项目目的，在清华大学开放中文词库的财经词库和中文金融情绪词典的基础上增补自选金融专业术语，合并形成了用于预训练目的的自建未标注中文金融领域＋情绪词库，如表 4.1 所示。

表 4.1　未标注金融领域＋情绪词库概览

词库源	格式	语种	领域	任务	是否标注	用途
财经词库、金融情绪词典和金融专业术语	txt	中文	金融	通用	未标注	预训练

　　该标注词库的示例说明见表 4.2，更多词库样本示例如自建（预训练）未标注词库详见附录 A.2，描述统计分析见 4.7 节。

表 4.2 未标注词库示例说明

词库示例	说　明
发展	清华大学开放中文词库的财经词库
套利	金融术语
高产	中文金融情绪词典，正向情绪词
偷逃税	中文金融情绪词典，负向情绪词

4.6　自建（预训练）未标注语料库

清华大学自然语言处理与社会人文计算实验室发布的中文文本分类数据集 THUCNews 是一个公开的中文金融基准语料库，它是根据新浪新闻 RSS 订阅频道 2005—2011 年的历史数据筛选过滤生成，包含 74 万篇新闻文档（2.19 GB），均为 UTF-8 纯文本格式。在原始新浪新闻分类体系的基础上，重新整合划分出 14 个候选分类类别：财经、彩票、房产、股票、家居、教育、科技、社会、时尚、时政、体育、星座、游戏、娱乐；使用清华大学中文文本分类（THU Chinese Text Classification，THUCTC）工具包在此数据集上进行评测，准确率可以达到 88.6%。但是，该文档是将每一篇新闻保存为一个 .txt 格式文件，是一个多篇新闻的集合，如果将股票分类下的全部 154 398 篇新闻文档（359MB）用于预训练，训练时间太久；如果只提取股票分类下的全部新闻文档的新闻标题用于预训练，包含的金融领域的语义很有限，不能很好地帮助模型提升效果。中文 FinBERT 采用的金融财经类新闻（约一百万篇）、研报/上市公司公告（约二百万篇）、金融类百科词条（约一百万条）三大类金融领域的预训练语料暂不公开。北京智源人工智能研究院打造的全球最大中文语料数据库 WuDaoCorpora 数据集的数据规模达 3TB，超出 100GB 中文预训练语料库 CLUECorpus2020 十倍以上。WuDaoCorpora 2.0 于 2021 年 6 月开放下载，但本书未采用该数据集。2021 年 12 月 30 日智源指数（包含高质量中文自然语言处理数据集、排行榜与在线评测平台等）（Chinese Language Understanding and Generation Evaluation Benchmark，CUGE）发布，覆盖 17 种主流任务，19 个代表性数据集。此外，2022 年 2 月 14 日，华为诺亚方舟实验室开源了第一个亿级中文多模态数据集：悟空，包含 1 亿组图文对。3 月 18 日，悟道多模态数据集（WuDaoMM）开放下载，包含 6.5 亿中文图文数据对。

未标注语料库（如表 4.3 所示）一部分以自建（预训练）未标注词库为基础，在百度百科的词条解读文字中提取句子和段落，另一部分是财经快讯新闻（晨报、晚报、周报）、市场情绪报告、股市名家专家评论、上市公司公告、首次公开发行股票招股说明书、首次公开发行股票上市公告书、上市公司季度/半年度/年度财务报告、券商行业研究分析报告、上市公司研究分析报告、证券交易所公开披露的其他资料、金融专业书籍，两部分合并形成了用于预训练目的的自建未标注中文金融领域语料库。

表 4.3　未标注金融领域语料库概览

语料源	格式	语种	领域	任务	是否标注	用途
金融领域的句子、段落、篇章、文档	txt	中文	金融	通用	未标注	预训练

该标注语料库的示例说明见表 4.4，更多语料库样本示例，如自建（预训练）未标注语料库详见附录 A.3，描述统计分析见 4.7 节。

表 4.4　未标注语料库示例说明

语料库示例	说　　明
利空：对空头有利，能促使股价下跌的因素和信息，如银根抽紧、利率上升、经济衰退、公司经营状况恶化等	句子
股票是股份公司所有权的一部分，也是发行的所有权凭证，是股份公司为筹集资金而发行给各个股东作为持股凭证并借以取得股息和红利的一种有价证券……	段落
【网信证券】港股资讯晨报-210223 港股市场要闻： 宏观要闻： 【香港失业率创 17 年新高！楼市成交逆势激增长实 10 年来首次斥资百亿夺住宅地】 中国香港特区政府最近公布的最新劳动人口统计数字显示，去年 11 月至今年 1 月的失业率上升至 7%，创下近十七年来的新高。同期，就业不足率亦升至 3.8%，其中零售、住宿及膳食……	篇章
【公司研报】宝丰能源-成本领先兼具成长 医药行业：抗击新型冠状病毒肺炎专利信息研报 证券分析 本杰明·格雷厄姆 戴维·多德/著 ……	文档

4.7　描述统计分析

4.7.1　未标注词库统计量描述

未标注词库文件大小为 69KB，共有 6626 个中文词条，其中，金融词条 4029 个、情绪词条 2597 个（正面 1109 个、负面 1488 个），如表 4.5 所示；每个词以换行符分隔（结尾），即一词一行，未进行情绪极性标注。

表 4.5　未标注词库词条数量

词库名称	词条数量	备　　注
财经词库	3830	清华大学开放中文词库
金融情绪词典	2597	正面情绪 1109 个、负面情绪 1488 个
金融专业术语	199	自选
共计	6626	——

计算出每个词包含的字数，用横坐标表示字数、纵坐标表示相同字数的词数量，可以绘制出语料库不同词长度的词数条形（分布）图，如图 4.1 所示。最短词 2 字，最长词 15 字，2 字数长度的词最多，有 3480 个词。

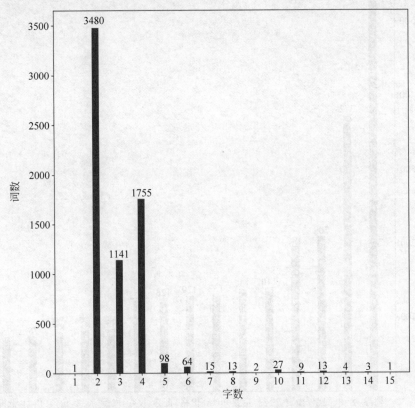

图 4.1 未标注词库不同词长度的词数条形图

4.7.2 未标注语料库统计量描述

未标注语料库文件大小为 1GB。将未标注语料库中所有词按词频高低降序排列，使用 Python 多领域中文分词工具包 pkuseg（版本 0.0.25，2020 年 7 月 19 日发布）的默认参数、默认词典，绘制出未标准语料库高频词前 15 位排序条形图，如表 4.6 和图 4.2 所示。词频定义和计算公式详见 3.7.1 节。

表 4.6 标注语料库的高频词前 15 位由高到低排序

排名	1	2	3	4	5	6	7	8	9	10	11	12	13	14	15
词语	债券	公司	股票	投资	投资者	企业	市场	价格	证券	收益	发行	股息	价值	信用	抵押
词频	544	372	209	196	140	137	132	129	126	123	85	83	81	76	75

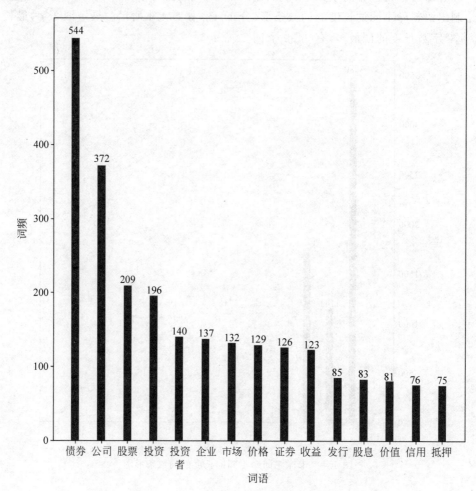

图 4.2　未标注语料库高频词前 15 位由高到低排序条形图

4.7.3　未标注语料库与标注语料库的 TF-IDF

　　词频-逆文本频率（Term Frequency-Inverse Document Frequency，TF-IDF）用于度量两个及两个以上文档中的一个词在其中一个文档中的重要程度。TF-IDF 可以过滤掉常见词，保留真正重要的词；一个词的 TF-IDF 值越大，它对这两个或两个以上文档的重要性越高。TF-IDF 及其加权的各种形式常被搜索引擎应用，作为文件与用户查询之间相关程度的度量或评级，本书使用 TF-IDF 度量未标语注料库与标注语料库相关性。TF-IDF 的数学表达式如下：

$$TF\text{-}IDF = TF \times IDF$$

　　TF 的数学表达式见 3.7.1 节，IDF 的数学表达式为：

$$IDF = \left| \lg \frac{m}{1 + \sum\limits_{j=1, i \in j}^{m} d_{ij}} \right|$$

其中，m 表示文档数量，i 表示一个文档（被中文分词后）的词编号，取值范围为 $[1, n]$，j 表示文档编号，取值范围为 $[1, m]$，$\sum\limits_{j=1, i \in j}^{m} d_{ij}$ 表示 i 词属于 j 文档的文档数量之和；当所有文档都不包含某词时，$\sum\limits_{j=1, i \in j}^{m} d_{ij} = 0$，为了避免出现分母等于 0 的情况，在 $\sum\limits_{j=1, i \in j}^{m} d_{ij}$ 前面加 1，$\lg$ 表示取以 10 为底对数。从 IDF 的计算公式中可以看出，构造 IDF 统计量的目的是使一个词的重要性与它在一个文档中出现次数成正比，而与它在多个文档中出现次数成反比。因此，计算出两个及两个以上文档中每个词的 TF-IDF 值，然后按降序排列，取排在最前面的几个词，就可以自动提取出两个及两个以上文档中的关键词。

使用未标注语料库与标注语料库计算出的 TF-IDF 值前 10 位的词语，如表 4.7 所示。

表 4.7　未标注语料库与标注语料库 TF-IDF 前 10 位词语及其对应的 TF-IDF 数值

排　名	词　语	TF-IDF
1	股份	0.005 49
2	公司	0.003 41
3	公告	0.003 13
4	股东	0.003 11
5	控股	0.002 23
6	业绩	0.002 05
7	质押	0.001 57
8	科技	0.001 54
9	中国	0.001 35
10	集团	0.001 34

用横坐标表示字数、纵坐标表示 TF-IDF，可以绘制出语料库不同词长度的词数条形（分布）图，如图 4.3 所示。

4.7.4　统计分析

从未标注语料库与标注语料库的 TF-IDF，可以判断出未标注语料库包含金融新闻标题中应当有的关键词，证明了未标注语料库的金融领域特征，且未标注语料库与标注语料库的特征空间相同。

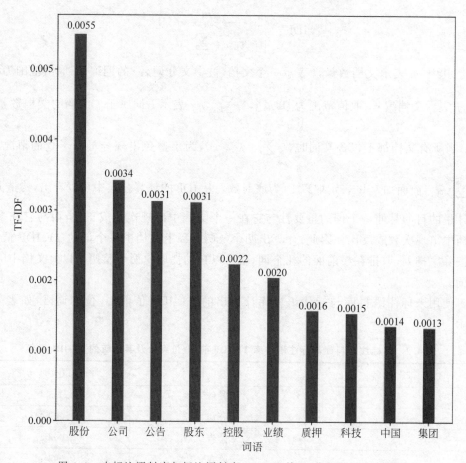

图 4.3　未标注语料库与标注语料库 TF-IDF 前 10 位词语排序条形图

4.8　定义 FinWoBERT 模型

作为一种通用语言表征模型，谷歌中文 BERT 在中文常用字表进行了预训练。然而，金融文本包含大量特定领域的文本专有名词（如股市、牛市、A 股）和术语（如准备金率、通货、套利），这是金融业内人士熟知的。因此，为通用语言理解而设计的预训练模型在金融文本情绪分类任务中往往表现不佳。本章使用未标注中文金融领域语料库对 WoBERT^{+} 进行了后训练，即新的预训练模型 FinWoBERT 的预训练。尽管使用了特定领域语料库，FinWoBERT 模型兼容谷歌中文 BERT、RoBERTa$_{BASE}$-wwm-ext 和 WoBERT^{+} 所使用预训练语料库，并且在原先学习到的语言表征基础上，学习了金融领域的语言表征。

图 4.4 中的变换器是指变换器子模块，对句子中分词的字嵌入向量、文本嵌入向量和位置嵌入向量求和得到输入嵌入向量（embedding vector）：嵌入$_1$、嵌入$_2$、$\cdots$、嵌入$_N$，输入嵌入向量经过 WoBERT 模型处理后变换为文本语义特征表征向量（representation vector）：

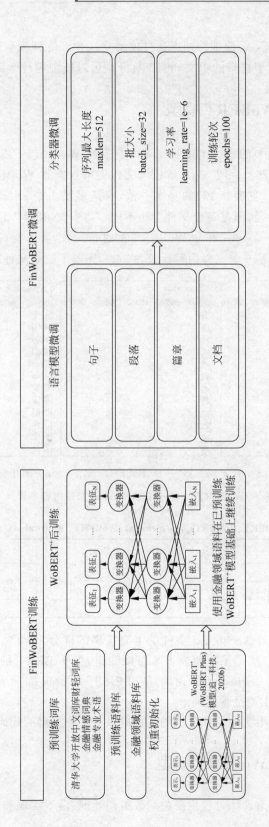

图 4.4 FinWoBERT 模型预训练流程

表征$_1$、表征$_2$、…、表征$_N$。预训练词库通过模型写入预训练词表后对模型进行后训练，而预训练语料通过模型自带的中文分词工具分词后对模型进行微调。

4.9　建立 FinWoBERT 模型

在追一科技（2020）的官方 GitHub 网页上下载 WoBERT$^+$ 压缩包文件（chinese_wobert_plus_l-12_h-768_a-12. zip），解压缩文件夹可以查到 WoBERT$^+$ 的文件数量和文件名与中文 BERT（见表 3.13）的基本一致，只是多了 1 个 checkpoint 文件，记录了模型检查点文件的路径，但是每个文件大小不同。将中文 BERT 的预训练词表 vocab. txt 与 RoBERTa$_{BASE}$-wwm-ext 和 WoBERT 的进行比较，可以发现 WoBERT$^+$ 增加了部分常用词；图 4.5 是三个文件内容比较，表 4.8 比较了三个文件的大小。

图 4.5　中文 BERT（左一）、RoBERTa$_{BASE}$-wwm-ext（中间）、

WoBERT$^+$（右一）的 vocab. txt 文件内容比较

表 4.8　中文 BERT、RoBERTa$_{BASE}$-wwm-ext、WoBERT$^+$ 的 vocab. txt 文件大小比较

模　　型	vocab. txt 文件大小	行　　数
中文 BERT	106KB	21 128
RoBERTa$_{BASE}$-wwm-ext	106KB	21 128
WoBERT$^+$	213KB	33 586

图 4.5 截取了三个 vocab. txt 文件的主要区别的部分，表 4.8 中的行数代表了标记分词（token）数量。从图 4.5 和表 4.8 可以知道，中文 BERT 的预训练词表 vocab. txt 与 RoBERTa$_{BASE}$-wwm-ext 的相同，WoBERT$^+$ 的预训练词表 vocab. txt 增加了 12 458 个标记分词，主要是常用词语。

FinWoBERT 模型实现的部分代码是根据以上三个模型的代码修改的。

4.10　训练 FinWoBERT 模型

FinWoBERT 模型训练过程主要包括数据预处理、模型实现和模型加载，大多数的

过程与第 3 章并无差异。与中文 BERT 模型的训练过程相比较,主要区别如下。

第一,分词。FinWoBERT 模型对未标注语料的分词使用的是 Python 中文分词工具包结巴(jieba)。

第二,建模目标。FinWoBERT 模型的建模目标是掩码语言模型,而没有前后句预测建模目标。

FinWoBERT 模型预训练方案至少有以下 5 种。

(1) 使用未标注词库在 WoBERT$^+$ 模型上微调。

(2) 使用未标注语料库在 WoBERT$^+$ 模型上微调。

(3) 未标注词库注入到 RoBERTa$_{BASE}$-wwm-ext 模型的 vocab. txt 中后训练。

(4) 未标注词库注入到 WoBERT$^+$ 模型的 vocab. txt 中后训练。

(5) 未标注词库注入到 WoBERT$^+$ 模型的 vocab. txt 中后训练,再使用未标注语料库在 WoBERT$^+$ 模型上微调。

4.11　领域后训练和领域微调策略

由于项目自建的目标标注语料库很小,预训练模型面对任务和领域双重挑战,第 3 章项目已经给出了情绪分类任务微调和分类器微调策略。为了提高模型性能,需要减少通用语料库给模型带来的语义偏差,本章项目进行了(金融情绪)领域后训练和领域微调。

在预训练语言模型进行领域后训练、领域微调、实现领域表征学习时,神经网络需要持续学习的能力,学习连贯的任务而不会忘记如何执行之前训练过的任务的能力。在持续学习的过程中,可能会发生灾难性遗忘,在一个顺序无标注的、可能随机切换的、同种任务可能长时间不复现的任务序列中,神经网络模型对当前任务 B 进行学习时,对先前任务 A 的知识会突然地丢失。通常发生在对任务 A 很重要的神经网络的权重正好满足任务 B 的目标时,模型可能会遭受灾难性遗忘(catastrophic forgetting)。为了防止出现灾难性遗忘,FinWoBERT 模型在训练时同时训练通用领域和金融领域的数据,使得模型权重对所有任务进行联合优化,不会出现多种知识注入导致的效果急剧下降的问题。

在执行金融文本情绪分类任务时,预训练模型既需要通用语料库的知识,也需要金融领域知识,也就是说,执行下游任务需要利用上述两种知识。FinWoBERT 模型在 WoBERT$^+$ 模型基础上进行后训练,注入金融领域知识和金融情绪知识,对已预训练的 WoBERT$^+$ 模型的原始参数进行更新。FinWoBERT 模型预训练建模目标只有一个:全词掩码语言模型,通过后训练可以缓解通用领域语料库的语义偏差,解决不同领域的不同语义理解。在全词掩码语言模型中,如果句子中的某个分词(可能是一个或多个汉字)被掩码,属于同一个分词的其他汉字都会被掩码,而变换器要保持对每个输入分词的特征表征,模型就会记住这个分词,掩码语言模型的这个特性与变换器的结构是非常匹配的。因此,预训练词表增加了金融情绪词,模型也就会偏向金融情绪语义。

在 FinWoBERT 模型训练的时候,输入金融语料库的句子中的某个分词会被全词掩码,而基于 RoBERTa 模型的动态掩码机制,在训练阶段生成掩码序列,因此每次输入网络中的序列是不同的,这样在分类器微调时模型已经学习到金融领域的分词,从而实现了 FinWoBERT 模型领域微调。面对域内(in-domain)单一任务,使用金融领域文本来微调 WoBERT^{+} 模型中的无用分支领域,作为一种增量学习的方式,能够提升金融领域的效果,这样最终得到的 FinWoBERT 金融领域增强模型具备通用领域模型的性能,同时具备处理金融垂直领域的能力。

4.12 评估 FinWoBERT 模型

FinWoBERT 模型依然使用第 3 章自建标注金融情绪语料库,进行模型评估,评估指标见第 3 章。

4.13 评测结果汇总

分别完成 5 种不同的预训练方案,执行相同的情绪分类下游任务评测,将模型的预测评估结果汇总展示,如表 4.9 所示。

表 4.9　不同预训练方案下模型评估结果比较

预训练方案	准确度	损失值
(1) WoBERT^{+}＋未标注词库微调	0.858 36	0.004 29
(2) WoBERT^{+}＋未标注语料库微调	0.863 48	0.328 51
(3) 未标注词库→RoBERTa$_{BASE}$-wwm-ext 后训练	0.872 01	0.000 10
(4) 未标注词库→WoBERT^{+} 后训练	0.880 55	0.006 63
(5) 未标注词库→WoBERT^{+} 后训练＋未标注语料库微调	0.887 37	0.001 99

从表 4.9 可以查看到,预训练方案(5)比其他方案捕获了更丰富的常识、领域和情绪知识,FinWoBERT 模型的最佳准确度为 0.887 37,对应的损失值为 0.001 99;也就是说,具有上下文感知表征的预训练语言模型除了使用带有上下文的语料库外,还可以使用无上下文的未标注词库进行提升;在这个项目中,未标注词库提升效果更显著,这说明 WoBERT^{+} 模型的训练样本生成策略比语料库后训练的作用更大,而语料库后训练的作用大小与分词标记方法有很重要的关系。

4.14 领域增强项目结论

在相同评测数据的中文金融情绪分类任务下,FinWoBERT 模型的准确度(0.887 37)比 BERT$_{BASE}$ Chinese 模型(0.839 59)绝对提升了 0.047 78,说明中文预训练词表加入词可以提升模型,一个词可以单独地表示完整的含义,中文的词是由两个及两个以上的汉字组成，然而英文中的单词对应中文中的两个及两个以上的汉字，BERT$_{BASE}$ Chinese 模型和 RoBERTa$_{BASE}$-wwm-ext 模型的预训练词表中仅包含汉字和符号，当准确提炼的通用领域词和金融领域词加入到词表后，模型对领域句子的理解有显著的提升。因此，中文预训练模型对字嵌入和词嵌入都需要，词嵌入作用的发挥是建立在字嵌入的基础上。

为了准确衡量领域词对预训练模型的贡献程度，还需要将 FinWoBERT 模型和 WoBERT$^+$ 模型进行比对，如表 4.10 所示。FinWoBERT 模型的准确度（0.887 37）比 WoBERT$^+$ 模型（0.872 01）绝对提升了 0.015 36，证明领域增强方法对预训练语言模型的提升是有效的；在大规模数据集的情况下，1.73％的相对提升百分比意味着比较显著的效果。在综合评价指标宏平均 F1 分数上 FinWoBERT 模型（0.879 70）比 WoBERT$^+$ 模型（0.869 84）绝对提高了 0.009 86。

表 4.10　FinWoBERT 与 WoBERT$^+$ 模型评估指标对比

模型/项目	准确度	精确度	召回度	宏平均 F1	微平均 F1
WoBERT$^+$	0.872 01	0.870 83	0.868 90	0.869 84	0.872 01
FinWoBERT	0.887 37	0.886 22	0.877 96	0.879 70	0.887 55
绝对提升	0.015 36	0.015 39	0.009 06	0.009 86	0.015 54
相对提升百分比	1.73％	1.77％	1.04％	1.41％	1.78％

正如 1.4.2 节文献综述中总结的，基于 BERT 的知识增强方法有很多，除了领域内知识增强，还有知识图谱、跨模态知识领域外知识等。不同的知识类型学习有不同的方法，例如，知识图谱的表达形式与语言模型表征是大不相同的，可以视为两个独立的向量空间。至于怎么样去设计一个独特的训练任务来将图谱、图像、语音等多种不同类型的知识信息融合起来，是下一个挑战。

小结

本章项目面临中文标注数据过少的困境（例如第 3 章自建的标注语料库），因此提出了基于 WoBERT$^+$ 后训练的解决方案，取得了良好的效果。中文 BERT、RoBERTa$_{BASE}$-wwm-ext 和 WoBERT$^+$ 在中文常用字表和词表的通用领域上进行训练造成了一些"领域的偏差"，因此模型需要获取一些领域相关知识和任务相关知识。

FinWoBERT 模型对原始 WoBERT$^+$ 未做任何修改，没有提出任何新的模型架构和微调策略。但是从经验性工作的角度来论证，FinWoBERT 模型仍具有新颖性，与其他成功发表的特定领域模型类似，贡献了特定领域应用价值，描述了引进预训练语言模型 WoBERT$^+$ 如何适用于中文金融领域语料库。由于采用了真实的领域内预训练语料库和评估语料库，FinWoBERT 模型为金融领域专业人士提供了操作经验；值得注意的是，研究商业领域问题的文本数据不应该使用非商业领域数据集构建语料库。

第 **5** 章

视频讲解

GAN-FinWoBERT：对抗训练的中文金融预训练模型

5.1 对抗训练目的

BERT 样式的预训练语言模型的评估一般是通过执行下游任务来进行评测的，评测过程中使用成百上千的样本数据。在许多真实场景中，获取高质量的标注数据是昂贵和耗时的，而描述目标任务的未标注数据通常可以很容易地收集到。基于半监督生成对抗网络生成一些对抗样本，在模型训练的时候采用对抗训练的方法，对词嵌入添加扰动，可以提高模型应对对抗样本的鲁棒性；同时可以作为一种正则化(regularization)，减少过拟合，提高泛化能力。

本章对第 4 章的自建未标注语料库经过生成对抗网络，在 FinWoBERT 模型的预训练阶段，增加对抗样本；也就是说，生成器产生类似于数据分布的伪样本，而 WoBERT 被用作一个判别器。通过这种方式，既利用 WoBERT 产生高质量的输入文本表征的能力，也利用未标注的语料库来帮助网络在最终任务中推广其表征。采用对抗训练的方法，训练模型 GAN-FinWoBERT，并执行下游情绪分类任务，与 FinWoBERT 模型的评测结果进行比较，希望通过对抗训练的改进使模型达到更高基准水平。

5.2 对抗训练原理

生成对抗网络(Generative Adversarial Networks or Generative Adversarial Nets，GAN)同时训练两个网络模型：一个生成网络模型(generative model)捕捉样本分布生成伪样本欺骗判别网络模型(discriminative model)，另一个判别网络模型(discriminative model)进行二分类预测，判断是不是真实样本，估计来自真实(训练)样本的概率。生成网络和判别网络都是反向传播神经网络。生成器(generator)的训练目标是尽可能迷惑判别器(discriminator)，使判别器犯错的概率最大化，让其无法判断一个样本是来自训练样本还是生成网络模型产生的，不存在两方共赢的局面；而判别器要尽可能区分生成器生成的对抗(伪)样本和训练(真实)样本。生成对抗网络将生成器和判别器视为一个整体，对于一个生成样本(generative neural sample)，判别器的评分高，说明生成器伪造能力很强，判别器的评分低，说明可以有效区别真伪。生成对抗网络是一种特殊的数据扩增方法，是不太可能自然发生的输入；而其他的数据扩增方法一般是使用转换方式或合成方式来扩充数据。生成对抗网络与LSTM模型作者另一篇论文中描述的可预测性最小化(predictability minimization)算法的思路相似：基于两种对立的力量，每个代表性单位都有一个自适应预测器，试图从剩余的单元中预测该单元，每个单元都试图对环境做出反应，使其可预测性最小化；这鼓励每个单元从环境输入中过滤出"抽象概念"，这样这些概念在统计上就独立于其他单元所关注的概念；可预测性最小化算法既可以消除线性模型，也可以消除非线性模型的输出冗余(即过拟合)。

神经网络容易受到对抗样本攻击(adversarial example attack)，softmax分类器容易受到对抗样本的影响，对伪样本进行了错误分类，即使是在测试集上获得出色性能的分类器，也无法学习确定正确输出标签的真实基础概念。生成对抗网络通过训练对抗样本和真实样本的混合，可以对神经网络进行一定程度的正则化，从而成功地训练非线性模型更强大。

生成对抗网络训练过程实际上是求解纳什均衡的最优解。纳什均衡(Nash equilibrium)是指博弈中这样的局面，对于每个参与者来说，只要其他人不改变策略，他就无法改善自己的状况。对应地，对于生成对抗网络，情况就是生成器恢复了训练数据的分布(造出了和真实数据一模一样的样本)，判别模型再也判别不出来结果，准确率为50%，约等于乱猜。这时双方网络都得到利益最大化，不再改变自己的策略，也就是不再更新自己的权重。

生成对抗网络的对抗博弈可以通过判别函数 $D(X)：\mathbb{R}^n \to [0,1]$ 和生成函数 $G：\mathbb{R}^d \to \mathbb{R}^n$ 之间的目标函数的极大极小值来进行数学化的表示。生成器 G 将随机样本 $z \in \mathbb{R}^d$ 分布 γ 转换为生成样本 $G(z)$。判别器 D 试图将它们与来自分布 μ 的训练样本区分开来，而 G 试图使生成的样本在分布上与训练样本相似。对抗的目标损失函数的数学表示式为：

$$V(D,G)：= \mathbb{E}_{x \sim \mu}[\log D(X)] + \mathbb{E}_{z \sim \gamma}[\log(1-D(G(z)))]$$

式中，$\mathbb{E}$ 表示关于下标中指定分布的期望值。生成对抗网络解决的极小极大值的数学表示式为：

$$\min_G \max_D V(D,G)：= \min_G \max_D \{\mathbb{E}_{x \sim \mu}[\log D(X)] + \mathbb{E}_{z \sim \gamma}[\log(1-D(G(z)))]\}$$

对于给定的生成器 G，$\max_D V(D,G)$ 优化判别器 D 以区分生成的样本 $G(z)$，其原理是尝试将高值分配给来自分布 μ 的真实样本，并将低值分配给生成的样本 $G(z)$。反过来说，对于给定的判别器 D，$\min_G V(D,G)$ 优化 G，使得生成的样本 $G(z)$ 将试图"愚弄"判别器 D 以分配高值。

如果使用最大似然估计（maximum likelihood estimation）方法求解上面这个最优化问题，难以逼近分布函数中的 θ 参数。无论是训练样本还是生成样本，生成对抗网络都不需要任何马尔可夫链或展开的近似推理网络，不需要明确地定义概率分布，而是训练生成机器从期望的分布中抽取样本，经过生成器得到输出伪样本，这些输出集合就是生成样本分布，优化目标是生成样本和训练样本两个分布的差异程度 θ_G 的最小化，这个最小值无法直接计算，但可以在假设生成样本分布变化足够缓慢、判别器输出两个分布的差异程度最大值 θ_D 保持在最优解附近的情况下，通过提升其随机梯度来更新判别器的 $\nabla\theta_D$、降低随机梯度来更新生成器的 $\nabla\theta_G$，逐步逼近得到两个分布间差异的最小值。从纯数学的角度来看，生成对抗网络的最优解求解过程并不严谨，然而深度神经网络的数值计算方法为解决生成对抗网络极小极大问题提供了一个实用的框架。

5.3　对抗训练实现方法

对抗样本数是为了混淆神经网络而产生的特殊输入，会导致模型对给定输入进行错误分类。按照攻击环境的不同，攻击可以分为黑盒攻击、白盒攻击或者灰盒攻击。黑盒攻击是指攻击者对攻击的模型的内部结构、训练参数、防御方法（如果加入了防御手段的话）等一无所知，只能通过输出与模型进行交互。白盒攻击与黑盒攻击相反，攻击者对模型的一切都可以掌握。灰盒攻击是介于黑盒攻击和白盒攻击之间，仅了解模型的一部分（例如，仅拿到模型的输出概率，或者只知道模型结构，但不知道参数）。

通过对生成样本进行定性和定量评估，基于快速梯度符号法（Fast Gradient Sign Method，FGSM）的对抗目标函数训练是一种有效的正则化器，使用这种方法来训练可以有效降低错误率。对抗样本快速梯度符号法是一种白盒攻击，其目标是确保分类错误，目前大多数攻击算法都是白盒攻击。对抗样本快速梯度符号法的工作原理是利用神经网络的梯度来创建对抗样本，该方法使用相对于输入样本的损失梯度来创建使损失函数最大化的新样本。这样做是因为其目标是创造一个最大化损失的样本。实现这一点的方法是找出样本数据集中每个样本对损失值的贡献程度，并相应地添加一个扰动（使用链式规则去计算梯度可以很容易地找到每个输入样本的贡献程度）。此外，由于模型不再被训练（因此梯度不针对可训练变量，即模型参数），因此模型参数保持不变。唯一的目的就是使一个已经受过训练的模型发生错误的分类。对抗样本快速梯度符号法的数学表示式为：

$$adv\_x = x + \in \times sign(\nabla_x J(\theta, x, y))$$

其中，adv_x 表示对抗样本（即生成样本），x 表示原始输入样本，y 表示原始输入标签，$\in$ 表示噪声的干扰程度（乘法器以确保扰动很小），θ 表示模型参数，J 表示损失函数。

具体的操作步骤是先对 FinWoBERT 进行对抗训练，再对训练好的 GAN-FinWoBERT 模型执行情绪分类任务进行评估。

5.4　定义 GAN-FinWoBERT 模型

GAN-FinWoBERT 模型的工作流程如图 5.1 所示，其中，生成器采用多层感知机

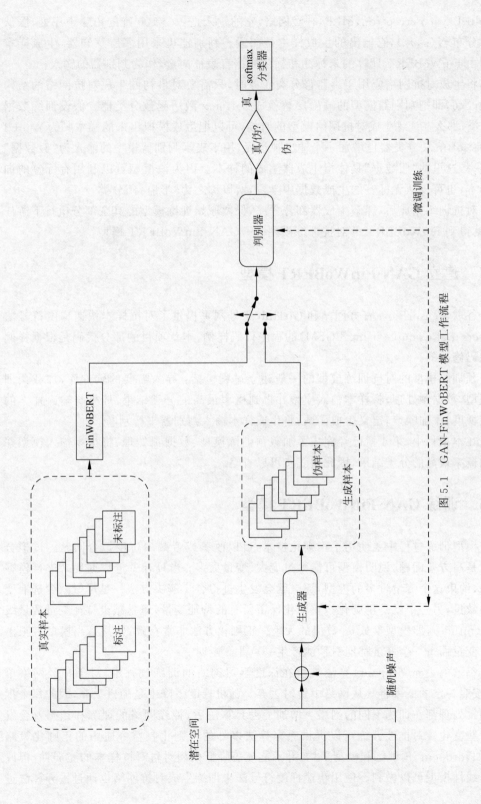

图 5.1 GAN-FinWoBERT 模型预训练工作流程

(Multi-Layer Perceptron，MLP)神经网络，它的输入是一个100维的白噪声序列，服从正态分布 $N(0,\sigma^2)$，它输出的生成样本是向量。判别器也采用多层感知器，生成样本连同由 FinWoBERT 计算的未标注和标注的语言表征向量，作为判别器的输入。

将生成对抗网络应用于半监督分类任务时，只需要对最初的生成对抗网络的结构稍微改动，即把判别器模型的输出层替换成 softmax 激活函数分类器。假设训练数据有 c 类，那么在训练生成对抗网络模型的时候，可以把生成模拟出来的样本归为第 $c+1$ 类，而 softmax 分类器也增加一个输出神经元，用于表示判别器模型的输入为"假数据"的概率，这里的"假数据"具体指生成器生成的样本。因为该模型可以利用有标签的训练样本，也可以从无标签的生成数据中学习，所以称之为"半监督"分类。

对抗训练完成后，屏蔽生成器部分程序，保留原始训练模型的其余部分执行下游任务，就得到 FinWoBERT 的对抗训练模型——GAN-FinWoBERT 模型。

5.5　建立 GAN-FinWoBERT 模型

谷歌 TensorFlow 官方网站和 GitHub 账号网页提供了对抗样本快速梯度符号法（adversarial example using FGSM）的程序代码样例，本章项目的部分代码是根据样例的代码修改的。

预训练模型的对抗训练模型的一般建立过程包括：导入需要的软件库，加载预训练模型，数据预处理，将样本输入模型并得到概率最高的分类结果，计算与输入样本的损失梯度，添加噪声，定义生成函数，将生成样本输入判别器进行判断。

在本项目中，第4章已经完成了加载预训练模型、数据预处理、将样本输入模型并得到概率最高的分类结果，因此这三步可以省略。

5.6　训练 GAN-FinWoBERT 模型

模型训练过程主要使用了正则化技术，可以改善或者减少过度拟合问题。过拟合也就是高方差问题，说明模型可能太过庞大、变量太多；当只有少量数据集来进行模型训练，约束这个变量过多的模型，那么就会发生过拟合。解决方法一是尽量减少选取变量的数量，另一个就是正则化。正则化保留所有的特征变量，但是减少特征变量数量级（magnitude），即模型参数 θ_i 数值的大小。正则化方法非常有效，尤其是当模型有很多特征变量而每一个变量都能对预测产生一点儿影响时。

谷歌的丢弃（dropout）算法是指在深度学习网络的训练过程中，对于神经网络单元，按照一定的概率将其从网络中暂时丢弃。随机梯度下降中是随机丢弃，因此每个批次的批处理都在训练不同的网络。增加了丢弃算法后，神经网络的训练和预测就会发生一些变化。对抗性训练可以提供丢弃算法以外的正则化收益。通用的正则化策略（例如，dropout、预训练和模型平均）并不能显著降低模型对付对抗样本的脆弱性，但改用非线性模型可以做到。使用快速梯度符号法来训练生成对抗网络也通过丢弃算法进行正则化的最大输出网络（maxout network），maxout 能够降低对抗训练判别器的错误率。

5.7 对抗训练项目结论

与第 4 章 FinWoBERT 模型评估相同，GAN-FinWoBERT 模型依然使用第 3 章自建标注金融情绪语料库，进行模型评估，评估指标见第 3 章。

GAN-FinWoBERT 模型的最佳准确度为 0.909 07，对应的损失值为 0.014 16。

在相同评测数据的中文金融情绪分类任务下，GAN-FinWoBERT 模型的准确度（0.909 07）比 FinWoBERT 模型（0.887 37）提升了 0.0217，比 $BERT_{BASE}$ Chinese 模型（0.839 59）提升了 0.0069 48，证明对抗训练方法有效地提升了预训练语言模型。

GAN-FinWoBERT 系统地提高了这种体系结构的健壮性，同时不会给推断带来额外的成本。

小结

为了实现基于对抗性的领域适应，本章项目使用生成对抗网络，生成器学习区分源和目标域的特征，判别器帮助生成器产生的特征对于源和目标领域是不可区分的。这里的生成器是简单的特征提取器。对抗训练是增强神经网络鲁棒性的重要方式，提供了一种正则化监督学习算法的方法。对于生成对抗网络所包含的两个网络模型，生成网络只用于对抗训练，而在使用 GAN-FinWoBERT 执行下游任务时只需要判别器。由于添加了一个可学习的判别器，学习特定于领域的数据集特征提取，可以帮助区分源和目标域，从而帮助预训练语言模型产生更鲁棒的特征。

数据增强是一种有效缓解数据稀疏问题的方法，对抗训练直接来源于使用对抗样本进行数据扩增，但是当偏好的强特征比竞争的弱特征更难提取时，数据扩增的效果就会降低。采用最大似然估计的序列生成模型在生成采样过程中遇到暴露偏差问题，生成对抗网络是一种有效缓解暴露偏差问题的训练策略。

快速梯度符号法（FGSM）沿着梯度方向对非线性模型仅添加一次线性扰动生成攻击样本，简单有效、速度较快，但是非线性模型可能在极小范围内剧烈变化，单次梯度更新步长过大的话不一定攻击成功。FGSM 虽然计算梯度，但不更新参数，相当于在每个梯度方向上都走相同的一步，而快速梯度法（Fast Gradient Method，FGM）则是根据具体梯度通过参数测量出扰动，FGSM 和 FGM 都仅做一次迭代。投影梯度下降（Project Gradient Descent，PGD）则是多次迭代找到最优扰动，每次迭代都会将扰动投射到规定范围内；但是 PGD 计算耗时成本高，极大影响效率，不精确 PGD、释放对抗训练（Free Adversarial Training，FreeAT）、仅传播一次（You Only Propagate Once，YOPO）、释放大批量（Free Large-Batch，FreeLB）、快速梯度投影法（Fast Gradient Projection Method，FGPM）等算法通过同时利用更多信息加快训练速度。除了 FGSM，本章项目还可以使用其他算法。

第**6**章

视频讲解

FinWoBERT+ConvLSTM：基于投资者情绪权重的科创50指数预测

6.1 预测实战设计

　　股票价格时间序列记录了股票随时间变化的波动数值,包含宏观经济运行状况、公司经营状况、发展潜力、政府政策等因素;而股票价格指数(简称"股价指数")是证券交易所编制的表明代表性样本股票价格不同时刻整体涨跌幅度变动的指示数字,单位为点。通过时间序列模型可以预测股价指数中短期变化趋势,例如,上证科创50成分指数(简称"科创50")由上海证券交易所科创板中市值大、流动性好的50只证券组成,反映最具市场代表性的一批科创企业的整体表现,是上海证券交易所的股票指数之一,该指数以2019年12月31日为基日,以1000点为基点,采用自由流通量派许加权方法进行计算,按照过去一年的日均成交金额由高到低排名,剔除排名后10%的个股,然后选取日均总市值排名前50的个股作为样本,调整周期为每个季度一次。同时,根据行为金融学理论,投资者决策行为并不总是理性的,受到情绪变化的影响;大量实证研究已经证明了股票市场中随时间变化的投资者情绪与价格、收益率、交易量、股价指数等呈正相关关系,中国的上证指数、深圳成指波动与个人投资者情绪互为格兰杰非因果关系,个人投资者亢奋很可能导致后期股价指数的短期波动,机构、个人投资者情绪与股价指数都有自身较强的惯性与持续性,但又存在程度不一的互动效应。因此,个人投资者情绪变化可以帮助提高股价指数时间序列预测的准确性。本章主要展示预训练语言模型在投资者情绪波动度量中的应用,因此使用文本情绪分类方法来衡量情绪变化。

　　本章利用第4章已经建立的中文金融文本预训练语言模型对个人投资者评论进行情绪分类,并计算出随时间变化的情绪权重时间序列,与对应的股票交易时间序列一起作为预测模型的输入,输出预测股价,并进行模型评估。

6.2 数据准备

6.2.1 行情数据集

本章项目选取了 2019 年 12 月 31 日至 2021 年 3 月 17 日科创50(指数代码: 000688)292 个交易日历史行情数据作为样本。科创50 指数以 2019 年 12 月 31 日为基日,基点为 1000 点,于 2020 年 7 月 22 日盘后正式公布。按采样周期的不同,历史行情数据可以分为 5 分钟、10 分钟、30 分钟、60 分钟(分时)、120 分钟、日、5 日、周、月、季、年等不同的周期行情样本数据集。本项目取日为周期,每条日行情样本包含日期(年-月-日)(date)、开盘(open)、最高(high)、最低(low)、收盘(close)、成交量(volume) 6 个字段的数值。科创 50 指数日行情数据集样本示例见表 6.1。

表 6.1 科创 50 指数日行情数据集样本示例

日　期	开　盘	最　高	最　低	收　盘	成交量
2019-12-31	1000	1000	1000	1000	1.5162e+06
2020-01-02	1005.62	1019.91	1005.62	1019.72	2.1939e+06
…	…	…	…	…	…
2021-03-16	1220.37	1231.99	1212.34	1223.80	3.3041e+06
2021-03-17	1236.54	1237.91	1213.35	1220.45	3.1723e+06

按照 8:2 比例划分数据集,训练集 229 个样本,测试集 63 个样本,训练集的起止日期是 2019 年 12 月 31 日至 2020 年 12 月 16 日,测试集的起止日期是 2020 年 12 月 11 日至 2021 年 3 月 17 日。

6.2.2 评论数据集

对于不同时期、不同行业板块、不同个股的机构和个人投资者情绪对股价的影响程度没有一致性结论,例如,中国股票市场机构投资者情绪变化对股价的影响明显高于个人投资者情绪和个股情绪,个人投资者情绪对股票市场收益的影响要显著于机构投资者情绪。因此本章项目的评论数据集包含机构评论和个人评论两部分。

机构投资者评论部分,由于大多数的证券门户网站仅显示近几个月的链接,所以只能分别从不同的网站爬取再进行汇总合并。从浏览量角度来看,网站选择首先参考 Alexa 中文网站流量排名,然后选择带有机构投资者观点的网页,尽可能排除新闻、知识和广告等情绪中性的网页,例如,"科创板全规则落地! 一文看懂科创板 15 大要点" "一图读懂科创板交易规则"标题。本章项目选择爬取新浪财经→科创板频道→专家观点和→投行观点(https://finance.sina.com.cn/stock/kechuangban)、东方财富网→股票频道→科创板→科创板导读(http://stock.eastmoney.com/a/ckcbdd.html)、上海证券报→科创板→观点(https://news.cnstock.com/kcb/skc_tzzn)、证券时报→科创板→最新动态(http://www.stcn.com/kcb/zxdt)、证券之星→股票中心→科创板要闻(https://stock.stockstar.com/list/5379_1.shtml)5 个网页的标题（句子），样本量共计 1678 个，按日期时间排序，整理去重并保存为每行一个句子、无空行的一个文本文件，机构投资者评论数据集样本示例见表 6.2。

表 6.2 机构投资者评论数据集样本示例

标 题	日期时间
电力智能运维分析管理系统提供商智洋创新(688191.SH)拟公开发行 3826.15 万股	2021-03-17 19：30：32
…	…
赚钱效应显现 科创板主题基金密集发行	2020-01-03 01：12：55

个人投资者评论部分，考察了众多证券门户网站和手机应用，东方财富网旗下股票社区股吧(https://guba.eastmoney.com)是个人投资者评论最集中、发帖数量最多、阅读（浏览）量和评论（回帖）量最大、版块设置最全的电子公告板，其中，科创板吧有两个页面(http://guba.eastmoney.com/list,kcb,f.html 和 http://guba.eastmoney.com/list,bk0869,f.html)分别保留了 2019 年 3 月 5 日至今和 2019 年 6 月 20 日至今的评论；而新浪财经的千股千评仅显示近几个月的评论，百度贴吧上证指数吧、金融界、和讯论坛、雪球、理想论坛、可来等股票网站和应用的发帖数量较少、广告灌水帖较多或版块设置不全。因此，本章项目爬取东方财富网两个科创板吧发布的所有帖子的标题，采用发帖时间倒序排序，而不是按评论时间（最后更新）排序，每年存为一个 .csv文件，构成评论数据集。样本量共计 11 303 个，个人投资者股吧评论数据集样本示例见表 6.3。东方财富网股吧的阅读量是指一个帖子发布后注册用户浏览量（非注册用户可以浏览但不计入阅读量），评论量是指一个帖子注册用户回复量（非注册用户不可以发布评论），这说明东方财富网股吧的阅读量和评论量数据是较为准确的，假设刷帖行为对阅读量和评论量总数的影响可以忽略；发帖时间包含"月-日 时：分"。

表 6.3 个人投资者股吧评论数据集样本示例

阅　读	评　论	标题	作者	发帖时间	文件夹/文件名
112	0	我们清仓了科创板	股友 tRVPZw	03-17 11：09	bk0869/2021
…	…	…	…	…	…
173	0	沙发[微笑]	dennisen	06-20 12：32	bk0869/2019
664	4	科创板近日频现撤单	股友 rqfEya	03-17 10：31	kcb /2021
…	…	…	…	…	…
846	0	期待科创板啊	不要踩我尾巴	03-05 17：39	kcb /2019

另外，微博超级话题（简称"超话"）社区是拥有共同兴趣的人集合在一起形成的圈子，类似于 QQ 上的兴趣部落。个人投资者评论还爬取了新浪微博科创板超话(https://weibo.com/p/1008086edb499161ca6347f387a8aa276375ac/super_index)，截至 2021 年 3 月，新浪微博科创板超话阅读数为 1746.7 万，转发、评论、点赞数量不多，

可以忽略不计。但是，段落包含的情绪语义比句子更丰富，因此具有一定的参考价值。样本量共计831个，个人投资者微博评论数据集样本示例见表6.4。

表6.4　个人投资者微博评论数据集样本示例

日期时间	作者	转发	评论	赞	内容
2021-03-07 12：48：44+08：00	Loyole	0	0	0	据合肥产投集团官方微信公众号消息，截至2020年年底，合肥长鑫12英寸存储器晶圆制造基地项目已提前达到4万片/月的预期产能，开始启动6万片/月产能建设，实现了从投产到量产再到批量销售的关键跨越
...	...	...	...	...	...
2019-02-02 18：54：21+08：00	伏狙	0	0	0	科创板推出的时机

尽管机构投资者也有在股吧和微博发帖，但在本章项目中视为个人投资者的评论。

6.3　定义预测模型

基于投资者情绪权重的科创50指数预测由两个模型组成：文本情绪分类模型和股票指数预测模型，分别对应FinWoBERT和ConvLSTM。FinWoBERT文本情绪分类模型对评论（文本）数据集进行分类，按照公式计算出情绪权重；转换后的情绪时间序列数据集与（科创50指数）行情时间序列数据集拼接输入ConvLSTM预测模型，输出预测结果，整个预测流程如图6.1所示。

施行健等在香港科技大学计算机学院博士研究生期间提出了卷积神经网络和长短期记忆网络的结合体——卷积长短期记忆网络（Convolutional Long Short Term Memory neural network，ConvLSTM）。LSTM与ConvLSTM两者的不同点是，传统LSTM是一维张量，ConvLSTM的输入是三维张量。在本章项目中，行情时间序列包含开盘、收盘等多个时间序列，情绪权重也是一个时间序列，若干个时间序列转换为三维张量：时间、数值、类型（行情或情绪），也就是面板数据（panel data）——面板=时间序列+横截面，每个截面数据是由一组时间序列组成。ConvLSTM模型使用LSTM作为卷积神经网络中的池化层（pooling layer），以减少详细局部信息的丢失并捕获序列中的长期依赖关系。ConvLSTM模型利用卷积神经网络的卷积算子在输入到状态（input-to-state）和状态到状态（state-to-state）的转换中进行编码，以此来捕捉某个单元的未来状态，增添了时序形状特征，因此优于全连接LSTM。ConvLSTM模型代码参考了帕拉齐（Palazzi）等的开源代码。

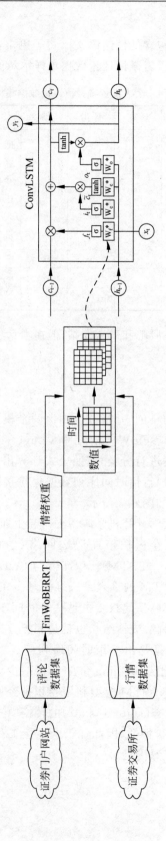

图 6.1 基于投资者情绪权重的科创 50 指数预测流程

6.4　情绪权重

6.4.1　情绪分类

使用已训练 FinWoBERT 中文金融文本预训练语言模型分别对机构和个人投资者评论数据集进行情绪分类，并进行自动标注："利空"类别标签为 2，"利好"类别标签为 1，"其他"类别标签为 0，输出附加在每条样本的最后，用分隔符与原文本分隔开来。机构投资者评论数据集样本示例见表 6.5，每类评论的格式不同，但训练和评测中仅需要日期时间和标题或内容。

表 6.5　机构投资者评论数据集样本示例

日期时间	标题或内容	类别标签
2021-03-02 08：21：17	232 家科创板公司去年盈利 462 亿 增近六成	1
2020-02-20 14：03	科创板近几日跑输大盘	2
2020-11-09 19：03：47	科创板会成为下一个创业板么？	0

6.4.2　权重计算

利用文本情绪分类度量情绪波动，计算公式往往大同小异，其核心就是计算利好情绪所占比例，例如，在时间单位（每小时、每日或每月）的利好情绪的评论样本量占所有情绪的评论样本容量，或者利好情绪与利空情绪的评论样本量比例的对数。衡量情绪变化的方法有很多种，事实上，除了文本情绪分类之外，还有其他方法，例如代理变量法。本章项目使用文本情绪分类方法。

同时，本章项目在情绪权重计算中考虑到评论的影响力权重，评论影响力的 4 个指标包括浏览量、回帖量、转发量和点赞量。浏览量代表了覆盖度（也称为"告知力"），有越多的用户浏览，这条评论的覆盖度就越高；回帖量代表了活跃度，有越多的用户回帖，说明这条评论引发的活跃度越高；转发量代表了传播力，有越多的用户转发，这条评论的传播力就越强；点赞量代表了说服力，有越多的用户回帖点赞，这条评论的观点越能说服受众。本章项目情绪权重计算中只考虑了评论本身现时的影响力，未考虑用户本体属性（关注数、粉丝数、发帖数等），而这些用户属性仅代表（未来）潜在的覆盖度。

具体到本章项目的评论数据集，机构投资者评论未采集到影响力指标，而权威官方媒体的浏览量往往大于社交媒体的，因此影响力加权为 1；个人投资者股吧评论仅采集到了浏览（阅读）量和回帖（评论）量两个指标，浏览（阅读）量最高值是 62.4 万、回帖（评论）量最高值是 685，但是大多数的浏览（阅读）量低于 10 000、大多数的回帖（评论）量为 0；个人投资者微博评论仅采集到了转发量、回帖（评论）量、点赞量 3 个指标，转发量最高值是 22、回帖（评论）量最高值是 26、点赞量最高值是 110，但是大多数的数值为 0，因此影响力加权 0.5。评论影响力权重如表 6.6 所示。

表 6.6　评论影响力权重

评论类型	指　标	影响力加权
机构投资者评论	无	1
个人投资者股吧评论	阅读≤10 000 或评论≤5	0.5
	阅读＞10 000 或评论＞5	1
个人投资者微博评论	无	0.5

因此，本章项目的情绪权重计算公式为：

$$E = \sum \alpha_i \frac{n_{p_i}}{N_i}$$

其中，i 表示评论类型，n_{p_i} 代表某评论类型中利好情绪的评论样本量，N_i 代表评论类型所有情绪的评论样本容量，α_i 代表评论类型对应的权重。

与日行情样本数据相对应，情绪权重以日为周期，计算出每天利好（看涨）情绪的加权占比。计算得到的情绪权重序列是一个与行情数据平行、不同维度的时间序列。在每天情绪权重基础上，可以计算出任意天数的权重平均值。情绪权重数据集的训练集和测试集的划分与行情数据集相同。

6.5　预测模型评估指标

本章项目选择了以下 4 个时间序列模型预测效果评估指标。

（1）平均绝对误差（Mean Absolute Error，MAE）衡量绝对误差损失的期望，数学表达式为：

$$\text{MAE} = \frac{1}{n} \sum_{i=1}^{n} |y_i - \hat{y}_i|$$

其中，y 表示真实值，$\hat{y}$ 表示模型预测值（即估计值），n 表示样本容量，下同。

（2）平均相对误差百分比（Mean Absolute Percentage Error，MAPE）衡量相对误差损失的期望，相对误差就是绝对误差和真值的百分比，数学表达式为：

$$\text{MAPE} = \frac{100\%}{n} \sum_{i=1}^{n} \left| \frac{y_i - \hat{y}_i}{y_i} \right|$$

其中，在程序计算中，当且仅当 $y=0$ 时，y 取任意小的正数，以避免除以 0 或溢出错误（程序未定义的结果）。

（3）均方误差（Mean Squared Error，MSE）衡量二次方误差的期望，数学表达式为：

$$\text{MSE} = \frac{1}{n} \sum_{i=1}^{n} (y_i - \hat{y}_i)^2$$

（4）均方根误差（Root Mean Squared Error，RMSE）衡量平方根误差的期望，数学表达式为：

$$RMSE = \sqrt{\frac{1}{n}\sum_{i=1}^{n}(y_i - \hat{y}_i)^2} = \sqrt{MSE}$$

以上 4 个指标的数值越小表示模型性能越好。

6.6　预测实验结果对比

对照原则是统计学实验设计 4 个基本原则之一。本章采用输入不同、其他条件相同的条件对照实验，实验组 ConvLSTM 模型的输入使用行情和情绪权重序列，对照组 ConvLSTM 模型仅使用行情数据作为输入，两组实验都是预测科创 50 指数收盘点数的走向，目标变量都是收盘点数。

根据经验，由于情绪相对行情存在滞后效应，也就是说，如果在行情大幅上涨的最开始时间点，情绪不会立刻上升，而会在稍后一段时间才会大幅度上升。例如，分别用前一天、前三天平均、前一周平均的情绪值进行训练对某股票收盘价格预测，前一周情绪均值的结果误差较小。因此，借鉴了这些经验，但不同的是使用原始数值、不使用移动平均值，实验组 ConvLSTM 模型将前七天行情各维度数值和前七天情绪权重数值作为模型的输入，而对照组 ConvLSTM 模型仅用前七天行情数值。

实验组 ConvLSTM 模型在 114 轮次训练时渐趋收敛，评估损失值为 0.000 064、不再下降；对照组 ConvLSTM 模型在 466 轮次训练时的评估损失值为 0.000 040，不再下降。两组实验都使用训练集进行模型训练，用测试集进行模型评估，对科创 50 指数每日收盘点数预测结果评估指标对比如表 6.7 所示。

表 6.7　预测实验结果对比

实验组别	对照条件	平均绝对误差	平均相对误差百分比	均方误差	均方根误差
实验组	含情绪	7.349 448	0.5244%	78.754 280	8.874 360
对照组	不含情绪	9.412 903	0.6748%	126.870 468	11.263 679

从表 6.7 可以看出，实验组 ConvLSTM 模型对科创 50 指数收盘点数预测结果的误差值最小，更接近真实值；也就是说，使用行情和情绪权重序列作为输入比仅使用行情数据更优。

实验组和对照组 ConvLSTM 模型的预测值与真实值的对比如图 6.2 所示，纵坐标是收盘，单位为点；横坐标是日期，格式为年/月/日，日期间隔长度依据样本的日期；起始日期为 2020 年 12 月 22 日是根据测试集 12 月 11 日、14～18 日、21 日七天的数值进行预测，12、13、19、20 日为周六或周日。

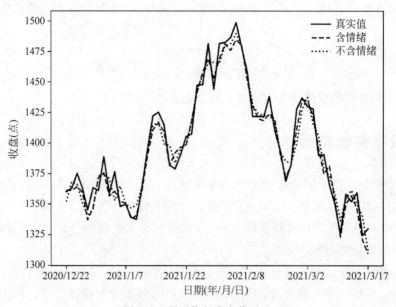

图 6.2　预测值与真实值对比

6.7　预测实战项目结论

本章项目采用改进的金融领域预训练模型预测投资者评论分类，较好地提升项目操作的便利性和高效性。区分实验组和对照组分别进行实验，以七天为周期计算出情绪权重序列与多维度行情序列结合的实验组模型预测误差更低。预测结果除了证明情绪时间序列可以帮助预测股票指数走向，还证明面板数据能够提供更多维度的信息、更多层次的变化和更高的预测效率，可以克服时间序列分析的估计失真困扰。这个FinWoBERT 模型的应用实例证实了预训练模型在金融实证中的作用。

小结

基于情绪指数的股票预测旨在从在线评论语料库中挖掘情绪倾向，并试图将这些倾向变化与股票价格变化联系起来。基于金融情绪词典的机器学习情绪分类和基于神经网络的时间序列预测方法都取得了令人满意的结果，例如，中国投资者情绪指数。然而，提升情绪分类的准确度和自动化程度仍然还是一个挑战，否则从文本中学习市场情绪可能存在偏差，或者需要耗费很多的人力和时间。

本章项目使用改进的金融领域预训练语言模型对股票指数评论，再结合股票指数的历史行情数据用时间序列模型进行离线预测，取得了比较理想的结果，只是小规模测试。如果将预训练模型和时序预测模型部署到超算中心，就可以实现自动化的情绪分类和在线实时计算，更好地检验行为金融理论。

第**7**章

视频讲解

总结与展望

7.1　我们学到了什么

相对于传统自然语言处理模型,预训练语言模型提升了小样本学习能力、泛化能力和抗干扰能力。为金融领域的自然语言处理任务获取大规模标注数据往往是昂贵和耗时的,面对小样本或少资源的中文金融文本情绪分类时,利用迁移学习技巧的预训练语言模型往往可以取得较好的效果。预训练语言模型只需使用极少量的标注数据,文本分类准确度就能和数千倍的标注数据训练量达到同等水平。在数据标注代价高、数量少的情况下,预训练语言模型可以大幅降低自然语言处理任务的训练时间和成本。预训练语言模型已经成为自动化自然语言处理的标配。

那么,如何在如此众多的已预训练模型中选择适合目标域数据的模型?本书自建标注金融情绪分类语料库,对当前 28 个主流开源模型(截至 2021 年 10 月)进行评估,以 BERT 模型作为基准模型,根据评测结果选择了以 WoBERT$^+$(WoBERT Plus)模型为基础,通过领域增强和对抗训练方法提升模型性能。针对金融领域预训练模型性能提升问题,本书提出了 FinWoBERT 中文金融文本情绪分类预训练模型,采用与谷歌发布的原生 BERT 相同的骨干网络架构,借助了 WoBERT$^+$ 模型对于中文文本特殊的训练样本生成策略——预训练词表增加了词,预训练时的输入既有字也有词,而谷歌原生中文 BERT 的预训练词表只有单个汉字和符号,预训练仅输入了字嵌入;再经过 FinWoBERT 对抗训练得到 GAN-FinWoBERT 模型。结果表明,在中文金融词库和语料库上进行 WoBERT$^+$ 的后训练和微调,可以有效提升通用预训练模型,而对抗训练可以系统地提高预训练模型基于变换器的半监督学习架构的鲁棒性。最后,将

FinWoBERT 模型运用于基于投资者情绪权重的股票指数预测中，验证了中文金融文本情绪分类预训练模型在金融市场应用的有效性。本书没有着眼于建立在广度上支持多种下游任务的特定领域预训练模型，而是侧重于展现预训练模型在特定任务上可以深入支持特定领域应用场景。从中文预训练语言模型在金融领域改进和应用的经验中，可以总结得出关于特定领域预训练模型的如下结论。

第一，建立特定领域预训练模型具有现实的必要性、可行性、可操作性和可应用性。情绪语义属性的语言单位中含有情绪因子，而在不同的上下文中，情绪因子存在一词多义的情况，例如，"快跑"一词在通用领域的理解是快速逃跑，在体育领域的理解是时间短且强度大的跑步运动，而在金融领域的理解是强烈卖出，对应的金融情绪是利空。由于情绪分类任务存在领域依赖和语种依赖，金融领域预训练模型的各项评估指标显著比通用领域预训练模型高。因此，面对金融文本数据挖掘应用时，金融特定领域预训练模型具有先天的优势。由于时间、人力和算力有限，本书自建的标注语料库、未标注词库和语料库、投资者情绪评论数据集的规模并不大，但可以证明特定领域预训练模型的可行性、可操作性和可应用性。如果有足够的时间、人力和算力，自建规模更大、质量更高的数据集，那么研究结论会具有更强的说服力。

第二，后训练和微调是特定领域预训练模型性能提升的关键。预训练的深度学习模型应用于下游任务有 3 种策略：特征表征迁移、模型参数微调和后训练，ELMo 模型是采用特征表征迁移，BERT 模型是采用模型参数微调，FinWoBERT 模型运用了后训练和微调技巧，本书的项目中性能提升主要来自后训练的贡献。与预训练和后训练相比，微调花费算力相对较少，不同的超参数调试会对模型效果产生较大影响，需要经过多次实验，选择最优超参数。

第三，预训练语言模型仍然面临数据规模和数据质量的挑战。预训练的未标注词库和/或语料库的规模越大、质量越高，模型效果会越高，尤其是细粒度情绪分类问题。当预训练任务和目标任务的数据存在差异较大，通过预训练模型执行下游目标任务可能会降低评测效果；此时，如果有足够多数量的标注数据时，从头开始训练也不会得到很差的结果。

7.2　未来的方向

预训练语言模型是一个正在快速发展的研究领域，特定领域的已预训练模型具有可以直接使用的应用价值，未来会出现越来越多的特定领域预训练模型，投入到各个对自然语言处理有需要的行业，促进行业数智化转型。由于训练一个高性能的预训练模型需要较高的算力，承载人工智能计算的超级算力中心还不像虚拟化数据中心一样普及，受到目前算力价格和时间成本较高的限制，需要自然语言处理的行业企业对特定领域已预训练模型的需求一定会持续增长，将来人工智能中台模型库中的不同领域预训练模型可以为各行各业赋能。本书对于特定领域预训练模型的研究还有很多不足之处，未来特定领域预训练模型还可以在以下三方面进一步开展研究。

第一,特定领域的词库和语料库建设。与过去的监督学习依赖于标注语料库的规模不同,预训练模型依赖于未标注语料库的规模,随着词量和/或语料量的增加,同时精确地匹配特定领域或特定任务,预训练模型的性能可以得到显著提高。大规模高质量未标注词库和语料库的建设比标注语料库更容易、成本更低。

第二,骨干网络架构的改进。高效的特征提取器可以有效提升预训练模型的性能,高效变换器网络非常多样,各自具有不同的优点,可以应对不同场景下预训练模型性能提升的需求。与图变换器网络(Graph Transformer Network,GTN)或其他图神经网络(Graph Neural Network,GNN)结合的预训练模型已成为新的热点研究方向之一。

第三,多模态特定领域预训练模型的发展。从第6章的项目结论中可以发现,多源数据包含比单源更丰富的信息,模型的预测误差更小。多模态表征(multimodal representation)将特定领域的文本、图像、视频、音频等联合和协同助力预训练模型学习到更多的知识,提升模型认知推理能力。但是,目前特定领域的多模态数据集建设仍处于早期阶段,未来有较大的发展空间。

附录 A 语料库/词库样本示例

A.1 自建(评测)标注语料库

第 3~5 章使用的自建(评测)标注语料库示例如下,其中,省略号代表省略的文字。

......

利空|||【图解】黑天鹅指数创下历史新高! 市场风暴或已悄然逼近

利多|||信义光能(00968.HK)因购股权获行使发行 2014 股

利空|||京东二季度净利润跌 50% 半年多蒸发 1912 亿 都在担心京东股价承压

其他|||2018 年空气净化器行业发展趋势分析 品牌数量锐减 消费渐向线上转移

利多|||多喜爱:关于公司重大资产置换及换股吸收合并浙江省建设投资集团股份有限公司暨关联交易事项未获得中国证监会上市公司并购重组审核委员会审核通过暨公司股票复牌的公告

利空|||《公司业绩》赣锋锂业(01772.HK)全年纯利 3.61 亿人民币倒退 81%

利空|||[公告]五洋停车:关于控股股东部分股份质押展期的公告

其他|||50 基本基金涨幅居前

其他|||有色金属:行业周报:工业金属或现季节性抛压,黄金地缘溢价仍将发酵

其他|||[快讯]万科:本轮华夏银行项目采购未中标

其他|||(深互动)葵花药业:股份回购主体为上市公司 实控人减持为股东个人意愿

其他|||[公告]金力永磁:关于募集资金账户完成解除冻结暨银行账户被冻结的进展公告

利多|||佳都科技:复工率已达 97.8%

利空|||音飞储存:控股股东正筹划股权转让事宜或导致控制权变更

利空|||斯太尔动力股份有限公司 关于公司股票可能被终止上市的风险提示

其他|||开能健康(300272.SZ)股东瞿建国质押及解除质押 4000 万股

其他|||老师业余、就业一般 高校注水专业为什么还在办?

利空|||补贴"退坡"挤压利润 新能源车企业绩承压

利多|||星展证券获批外资控股券商跑步进场

利空|||中弘股份回应"罗生门"称深表无奈:加多宝主动提供财务数据 委任首席执行官黄伟清签约

......

A.2 自建(预训练)未标注词库

第 4、5 章使用的自建(预训练)未标注词库示例如下,其中,省略号代表省略的文字。

发展

部门

政府

经济

服务

公司

实现

市场

……

基金

权证

认股

募集

公募

私募

券商

上市

A 股

B 股

套利

……

高产

超前

互通

黄金时代

……

偷逃税

超出预算

严峻形势

……

A. 3 自建(预训练)未标注语料库

第4、5章使用的自建(预训练)未标注语料库示例如下,其中,省略号代表省略的文字。

股票是股份公司所有权的一部分，也是发行的所有权凭证，是股份公司为筹集资金而发行给各个股东作为持股凭证并借以取得股息和红利的一种有价证券。每股股票都代表股东对企业拥有一个基本单位的所有权。每家上市公司都会发行股票。同一类别的每一份股票所代表的公司所有权是相等的。每个股东所拥有的公司所有权份额的大小，取决于其持有的股票数量占公司总股本的比重。股票是股份公司资本的构成部分，可以转让、买卖，是资本市场的主要长期信用工具，但不能要求公司返还其出资。

股票市场是已经发行的股票转让、买卖和流通的场所，包括交易所市场和场外交易市场两大类别。由于它是建立在发行市场基础上的，因此又称作二级市场。股票市场的结构和交易活动比发行市场（一级市场）更为复杂，其作用和影响力也更大。

……

开盘价：指每天成交中最先的一笔股票的价格。

收盘价：指每天成交中最后的一笔股票的价格，也就是收盘价格。

成交数量：指当天成交的股票数量。

最高价：指当天股票成交的各种不同价格中最高的成交价格。

最低价：指当天成交的不同价格中最低成交价格。

升高盘：是指开盘价比前一天收盘价高。

开低盘：是指开盘价比前一天收盘价低。

盘档：是指投资者不积极买卖，多采取观望态度，使当天股价的变动幅度很小，这种情况称为盘档。

整理：是指股价经过一段急剧上涨或下跌后，开始小幅度波动，进入稳定变动阶段，这种现象称为整理，整理是下一次大变动的准备阶段。

盘坚：股价缓慢上涨。

盘软：股价缓慢下跌。

跳空：指受强烈利多或利空消息刺激，股价开始大幅度跳动。跳空通常在股价大变动的开始或结束前出现。

……

参 考 文 献

本书的参考文献,详见下方二维码。